Heroku 雲端運算平台

--Yii 架構網站應用系統完全開發手冊

目次

前言

網站的功能日新月異，新式的應用系統也不斷的推出，所以，開發工具也要跟著與時俱進，否則會追不上網路的浪潮！PHP 語言一直以來都是互動式網頁的主流腳本語言，尤其是在所謂的 LAMP (Linux, Apacche, MySQL, PHP)的基本架站組合下，更是今日網際網路網站應用系統的最佳選擇。

然而，IT 技術的發展進步神速，各式的網路開發架構(Framework)風起雲湧，LAMP 的平台上，也跟著出現令人眼花瞭亂的各式各樣架構，因此，如何選擇一個合適的開發架構，便成了重要的課題。

Yii(Yes! It is)是一個模組化的高性能PHP程式開發框架 (framework)，主要用於開發大型網頁應用系統。Yii 採用嚴格的物件導向設計，並有著完善的函數庫引用以及全面的教學文件。系統主要的模組有 MVC, DAO/ActiveRecord, widgets, caching等等，不論是Web服務、主題(theme)到多語系的支援(I18N和L10N)，Yii幾乎提供了今日Web 2.0應用開發所需要的一切元件。從各式的 PHP 架

構評比中，也可見到Yii是最有效率的PHP框架之一。

　　本書以簡單的例子，詳細介紹了Yii 開發架構的功能。為了讓讀者能隨手實作，特別再舉網站應用的實例，從觀念、需求訪談、資料表格設計以及頁面實作等等，一一帶領讀者走過應用系統開發的每個細節，讓讀者能經由本書的導引，能自行將站台功能實作出來。為能結合雲端佈建的新興架站趨勢，本書特地專章說明如何將開發完成的系統，佈建到 Heroku 站台上，並且能透過 Heroku 的站台功能，讓使用者能輕易地嵌入目前常見的各式站台功能。此外，Docker 是近幾年來虛擬化技術的後之秀，所有的大廠幾乎都使用了這個技術，因此，本書在最後一章，也用實例說明如何將書本範例，利用 Docker 技術佈建到 Linux 主機上。

第一章 Yii 架構簡介

Yii(Yes! It is)是一個模組化的高性能PHP程式發展框架 (framework)，主要用於開發大型網頁應用系統。Yii採用嚴格的物件導向設計，並有著完善的函數庫引用以及全面的教學文件。系統主要的模組有 MVC, DAO/ActiveRecord, widgets, caching等等，不論是Web服務、主題(theme)到多語系的支援(I18N和L10N)，Yii幾乎提供了今日Web 2.0應用開發所需要的一切元件。從各式的 PHP 架構評比中，也可見到Yii是最有效率的PHP框架之一。

Yii是由薛強(Qiang Xue) 在 2008 年所開發的PHP 程式發展框架，他參考了 Ruby on Rail 的架構、Symfony plug-in 的設計以及jQuery & Joomla!的前端介面操作，讓使用者透過幾個簡單的命令，就可以快速創建一個web應用程序的代碼框架，此外開發者亦可以在生成的代碼框架基礎上添加其商業邏輯，以快速完成應用系統的開發。所以，Yii 可視為快速模組化的網站應用系統開發架構。

再者，Yii 的開發基礎是 PHP 5.1 ,因此繼承了PHP 簡單易用的特性，使用者只需有基本電腦程式語言的基礎以

及物件導向程式設計的基本觀念，便可以很快速上手，而不必事先去學習一種新的架構或者模板語言。用Yii的開發速度非常之快，除框架本身之外，需要為應用所寫的程式碼極少。主要是因為Yii 具有高度的可重用性和可擴展性，本身就是高度物件化的架構，一些常用的功能都已內含在架構內了。Yii中的一切都是獨立的可被配置，可重複使用，也可擴展成客製他的組件。更重要的是隨著使用人數的增加，Yii有著越來越多的擴展庫，這都是來自使用者的貢獻。引用這來自社群的資源，可大大減少應用系統的開發時間。

另外， Yii是免費的，亦即它是開放原始碼的成員之一。Yii遵循最新的BSD許可（軟體版權）。它確保了它的第三方開發也循序和BSD相兼容的許可。這意味著無論從法律上還是財務上來說，都可以自由的使用yii來開發任何一個開源的或者私有的應用。所有的相關資源都可由其官方網站取得。(http://www.yiiframework.com/)

除了上述的的系統優點之外，因為有眾多的使用者在使用這個開發架構，因此也有很多免費的資源可用，尤其是各種前端應用，幾乎都可以找到現成的套件可用，對於

網站應用系統的開發，助益非常大。此外目前也有很多站
台是使用這套框架來開發的，因此，如果開發工具使用上
有任何問題，都可以在網路上找到輔助的資源。

第二章 開發前準備工作

　　對於一個程式開發人員而言，閱讀系統分析System Analysis(SA)文件、熟悉實體關聯圖、依據需求建立資料庫綱要以及相關表格，是在每一個系統開發案進行前，必須完成的準備工作。其中最重要的就要仔細了解系統分析文件中，對每一個功能的需求，其中當然也會配合流程圖的說明，讓功能的描述更加明確。至於系統分析的工作，以及要用到的分析工具，就不在本書討論的範圍內。不過因為在程式的開發過程中，仍會不斷地與專案管理人員討論各個功能的用途，所以有機會還是建議程式開發人員要參與前期的客戶訪談以及功能的製定。

　　一般而言，系統分析文件會包含如下的章節：

壹、　簡介

一、系統目標

二、系統範圍

三、功能項目編碼規則（Numbering Rule）

貳、　系統需求

一、功能性需求

二、非功能性需求

三、介面需求

參、 系統架構

一、功能架構圖

二、系統部署圖

三、軟硬體設備需求與規格

肆、 系統功能情境設計

一、登入/登出

二、環境設定

三、其他

　　這份系統分析文件主要是根據客戶訪談，以及客戶開立的軟體規格要求所寫成。這也是系統最後驗收時，各項功能檢驗的依據。對程式設計師而言，就是要寫出符合"系統功能情境設計"的程式碼，而且系統的架構也要符合文件中所訂定的規範。以上所列的章節為參考用，只要能將客戶需求表達清楚，並對每個功能都能詳細的描述，程式師在開發過程就會比較順利。

第三章 開發環境建置

　　開發工具的選擇，對程式開發影響甚鉅，php 程式本身為文字檔，並沒有特殊格式，因此用一般的文字編輯器也可以做為程式撰寫的工具。但是因為要套用 Yii 開發架構，Yii 架構本身是一個以類別為基礎的架構，再加上大量使用不同的元件，建議還是用整合式的開發工具 Integrated Development Environment (IDE)會比較好。由於 php 的程式發展超過20年，在網路上可以找到各式各樣的開發工具，有免費的也要收費的，端看開發者自己的選擇。筆者試用過 Adobe Dreamweaver(http://www.adobe.com/tw/products/dreamweaver.html), Atom(https://atom.io/packages/atom-phpcs), NetBeans (https://netbeans.org) 以及 phpStorm(https://www.jetbrains.com/phpstorm/) 等不同的IDE 工具。覺得論工具的完整性，還是以付費的 phpStorm 最優，但是如果系統不是很複雜，Atom 也算是一個夠用的工具。經過一番比較之後，覺得還是以免費的 NetBeans 最實惠，本書接下來的範例，皆以 NetBeans IDE 來做說明。

　　首先開發平台的挑選，目前的網站應用程式都強調跨

平台，亦即不會因作業系統的不同，而有不同的程式碼。
對於程式開發人員而言，作業系統的挑選端看自己慣用的
作業系統為主，但是因為在使用 Yii 架構的開發過程中，
會大量使用終端機介面，Linux 或 Mac OSX 都有較完整
的工作環境。本書以在 Mac OSX 環境下，用 MAMP 套件
建置 php及 MySQL所需的工作環境，當開發工作完成後，
就可以直接複製整個工作目錄，發佈至實際站台上。至於
Yii 框架的建置，則以命令模式來進行比較方便。在 Mac
環境下，本來就有終端機程式式：

```
●●●                🏠 morganch — -bash — 80×24
Last login: Mon Jan 18 19:56:47 on ttys000
morganch:~ morganch$ █
                                                    +
```

　　但是使用上不是很方便，另一個免費的軟體
iTerm(https://www.iterm2.com/index.html)，不論在介面或
是功能上，都比原有的終端機程式好用許多！以下的命令
主要是下載並安裝php 套件管理程式 composer 以及安裝
Yii 所需的公用套件，然後才是下載 Yii 架構。安裝的步
驟如下：

1. 安裝 composer

```
$ curl -sS https://getcomposer.org/
installer | php
$ sudo mv composer.phar /usr/local/bin/
composer
```

2. 安裝 Composer Asset Plugin，將會裝在 /Users/
morganch/.composer 目錄下

```
$ composer global require "fxp/
composer-asset-plugin:1.1.1"
```

3. 安裝 Yii

```
$ composer create-project --prefer-dist
yiisoft/yii2-app-basic yiiWeb
```

4. 解決 token 問題

```
$ composer config -g
```

github-oauth.github.com
a26b3eb358f082b57568310364a3fefdd4f5a466

5. 複製到 web root

　　$ sudo cp -R yiiWeb /Application/MAMP/
htdocs

　　最後一行命令是將下載完成的程式，移至 MAMP 建
構的站台主目錄下。接著就可以連上站台，看看是否一
切就緒。Yii 提供了一個檢查的功能，可以確認站台的
環境是否符合 Yii 架構的需求。打開瀏覽器輸入以下網
址：http://localhost:8888/yiiWeb/requirements.php，就可
看到如下的畫面：

Yii Application Requirement Checker

Description

This script checks if your server configuration meets the requirements for running Yii application. It checks if the server is running the right version of PHP, if appropriate PHP extensions have been loaded, and if php.ini file settings are correct.

There are two kinds of requirements being checked. Mandatory requirements are those that have to be met to allow Yii to work as expected. There are also some optional requirements being checked which will show you a warning when they do not meet. You can use Yii framework without them but some specific functionality may be not available in this case.

Conclusion

Your server configuration satisfies the minimum requirements by this application.
Please pay attention to the warnings listed below and check if your application will use the corresponding features.

Details

Name	Result	Required By	Memo
PHP version	Passed	Yii Framework	PHP 5.4.0 or higher is required.
Reflection extension	Passed	Yii Framework	
PCRE extension	Passed	Yii Framework	
SPL extension	Passed	Yii Framework	
Ctype extension	Passed	Yii Framework	
MBString extension	Passed	Multibyte string processing	Required for multibyte encoding string processing.
OpenSSL extension	Passed	Security Component	Required by encrypt and decrypt methods.
Intl extension	Passed	Internationalization support	PHP intl extension 1.0.2 or higher is required when you want to use advanced parameters formatting in Yii::t(), non-latin languages with Inflector::slug(), IDN-feature of EmailValidator or UrlValidator or the yii\i18n\Formatter class.
ICU version	Passed	Internationalization	ICU 49.0 or higher is required when you want to use # placeholder in plural rules (for example, plural in Formatter::asRelativeTime()) in yii\i18n\Formatter class. Your current ICU version is 52.1.
Fileinfo extension	Passed	File information	Required for files upload to detect correct file mime-types.
DOM extension	Passed	Document Object Model	Required for REST API to send XML responses via yii\web\XmlResponseFormatter.

　　這是一份檢測報告，可以看到系統所提供的功能，以及在 Yii 架構下內建的一些功能。至於站台的首頁則為：http://localhost:8888/yiiWeb/web/，畫面截圖如下：

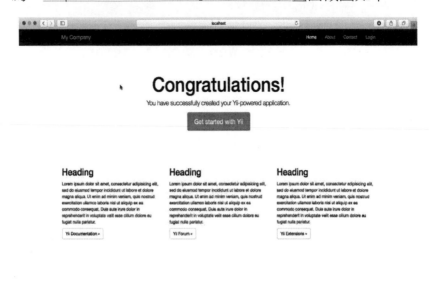

　　Yii 架構提供了兩種不同模式：基礎(Basic) 及進階(Advance)，本書介紹以基礎模式所架構的站台，如果是進階模式則會切分成前後台，而且也會自動帶入其他目錄如 common 及 console以做為其他程式開發共用的目錄。為了讓使用者進一步認識 Yii 架構的工作狀況，系統也預先建

置一個登入的功能,使用者可按選單最右側的 Login 功能
來登入系統。至於整個 Yii 架構的目錄結構如下圖所示:

	assets	8/6/15	--	檔案夾
	commands	8/6/15	--	檔案夾
	composer.json	8/6/15	2 KB	Plain...t File
	composer.lock	11:25 AM	32 KB	文件
	config	8/6/15	--	檔案夾
	controllers	8/6/15	--	檔案夾
	SiteController.php	8/6/15	2 KB	BBE...ument
	LICENSE.md	8/6/15	2 KB	Mark...ment
	mail	8/6/15	--	檔案夾
	models	8/6/15	--	檔案夾
	README.md	8/6/15	3 KB	Mark...ment
	requirements.php	8/6/15	5 KB	BBE...ument
	runtime	11:49 AM	--	檔案夾
	tests	8/6/15	--	檔案夾
	vendor	11:25 AM	--	檔案夾
	views	12:23 PM	--	檔案夾
	layouts	8/6/15	--	檔案夾
	site	8/6/15	--	檔案夾
	web	8/6/15	--	檔案夾
	yii	8/6/15	508 byte	Unix...table
	yii.bat	8/6/15	515 byte	Batch File

目錄功能如下:

assets:用來放置網頁共用的輔助物件,如圖片或
是 css 檔等。

commands:Yii 架構下,可以使用命令模式來做後
端程式處理,這個目錄即是用來放置 console 命令
檔案。

第三章 開發環境建置

config：系統相關的設定檔都放在這個目錄裡，包括資料庫連結以及參數設定等等。

controllers：系統程式所在，每個功能可單獨放在一個檔案裡，也可以多個功能共用同一個檔案。為了要區分與其他程式的不同，controller 的命名原則是以xxxController.php 的形式。

mail：系統預設的電郵寄送模組。

models：與資料庫介接的類別模組，要配合 Yii 預設的 ActiveRecord(AR) 套件來使用，AR 是一個 Object Related Mapping (ORM) 架構，並目的是在於為後端資料庫提供一組資料庫操作的應用程式介面(API)，這樣開發者就不用費心地寫後端資料庫的操作程式，而將重心放在如何處理資料的流程上。ORM 的功能就是一個中介軟體，讓使用者可透過相同的函數，操作不同的資料庫。

views：網頁呈現頁面的程式碼所在目錄，在這個目錄裡會自動對應到每一支 controller，要注意一下其命名原則，在不同的作業系統下，會有不同的命名原則。

vendors：系統所使用的其他套件，這個目錄是由 composer.json 來控制的，建議不要把程式放在這個目錄裡，也不要自行刪除其中的套件。

web：站台主目錄所在，其中 index.php 就是站台的首頁。

~ 16 ~

3-1 在 NetBeans 下建置開發環境

　　NetBeans 是一個整合式的開發環境，因此必須要先設定好，這樣在開發過程中可免去許多不必要的麻煩。另外，NetBeans 也支援多人開發架構，例如使用 GitHub 來做程式版本控制。首先下載安裝 NetBeans，從(file)選單下建立一個新計劃(new project)，然後點選->PHP Application with Existing Sources，選擇已佈建完成的目錄並設定執行路徑。

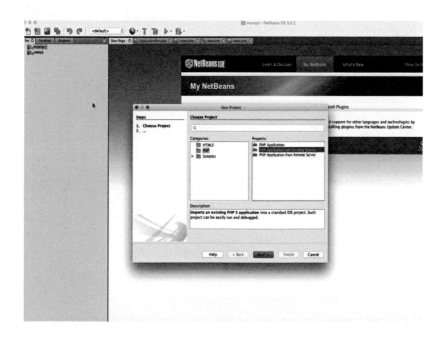

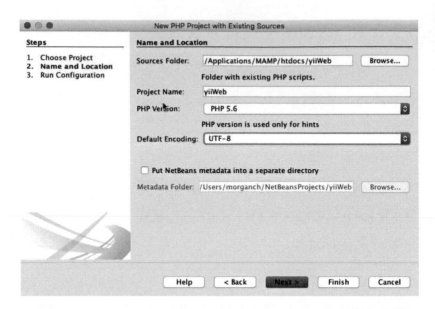

設定完成後的畫面如下：

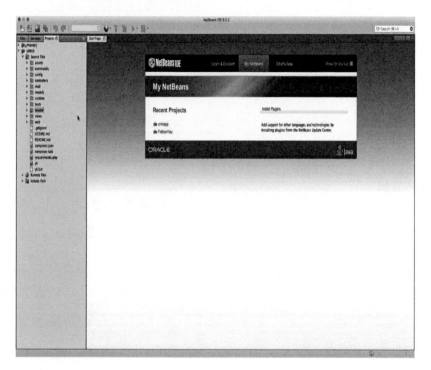

第四章 應用例說明

　　為了說明如何實作一個應用系統，本書以 A 公司升級內部使用的資訊管理系統，特地重新規劃了全新的使用介面，並且也預備將主機移至不同硬體的案例，依次說明每個不同階段的做法。

(1) 客戶訪談及系統分析

　　在幾次客戶訪談了解需求後，寫成系統分析文件，經客戶確認後，最後決定將使用 CentOS 7 + Yii Framework + MySQL 做為提供服務的應用伺服器。系統功能方面約有十來項，為簡化流程以及方便說明，本書僅用系統登入的權限管控、企業管理模組以及批次處理模組做為開發實例。

(2) 資料庫設計

　　MySQL 資料庫系統是目前廣為應用的系統，相關的工具也都一應俱全。在下一章節中，將針對分析結果，建立相關的表格。

(3) 畫面處理

由於 Yii 架構遵循 MVC 設計法則，因此使用者畫面可以分開來處理。一般而言，程式設計師的工作就是將功能實作出來，至於畫面的處理就交由美工人員去處理即可。但是近年來人機介面的重要性與日俱增，因此也產生另一個工作頭銜：前端介面工程師，其主要的工作內容就是處理使用者介面相關的問題。本書主要目的在於介紹系統實作的流程，因此在介面上就以簡單的商業版模來套用，至於美工方面則以 Yii 架構內建的Bootstrap 來完成。Bootstrap 是近來非常流行的前端框架設計工具(套件)，簡言之，Bootstrap整合了css、javascript、元件，變成只要套用就能快速的寫出前端的框架。尤其一些常用的使用者互動元件，都已寫入這個架構中了，開發人員只要修改 CSS 設定，就能快速做好使用者介面。網路上有許多關於 Bootstrap 的免費資源，讀者可自行上網找相關的解說及程式碼。

第五章 開發環境的硬軟體建置

　　本節的目的在教導如何利用 Virtual Box，來建置一個開發環境，由於 LAMP (Linux base, Apache Web Server, MySQL Database sver, PHP Script)，是目前網站應用系統的主力，我們將從基礎的安裝 CentOS 開始，帶領讀者按部就班的完成開發環境建置。

　　(1) 首先要先安裝好 Virtual Box(https://www. virtualbox.org)，在其官方站台上有給各個平台的軟體，本節示範如何在 Wins 環境下，來使用 Virtural Box。下載及安裝好 Virtual Box 後，開啟軟體，並建立一個虛擬系統。

(2) 設定記憶體大小，依照電腦的能力而定，通常1024MB就足夠了。

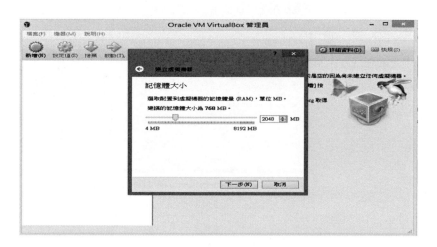

(3) 選擇建立虛擬硬碟機。

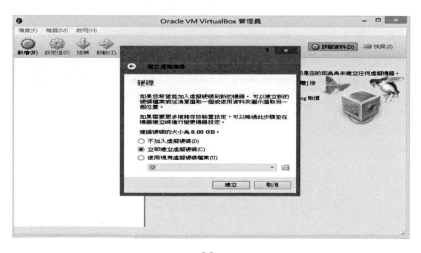

(4) 檔案類型選擇VDI

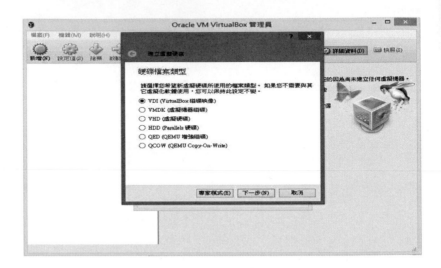

(5) 選擇動態配置可以花費較少時間

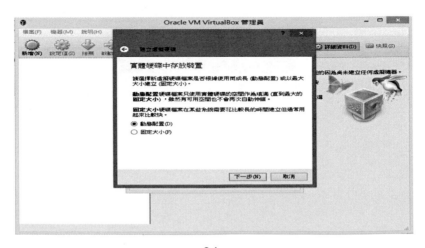

(6) 選擇虛擬系統存放位置

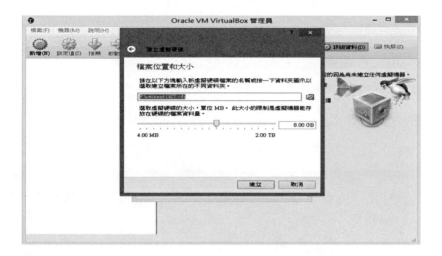

(7) 基本設定選擇完成後的畫面如下

(8) Virtual Box 所建立的是一個虛擬的硬體環境，因此接下來是安裝系統軟體，首先要下載要安裝的系統，在此示範的是 CentOS 7 的版本(http://isoredirect.centos.org/centos/7/isos/x86_64/CentOS-7-x86_64-Minimal-1511.iso)。接下來重新啟動虛擬機，也要確認在設定選單有挑選使用光碟機，如此才能選擇事前載好的映像檔。

(9) 安裝cent OS 7，這個畫面會隨著所下載的映像檔，而有所不同，一般而言會有兩種不同的選擇，就是當做伺服器或是有圖形化介面的個人桌機。

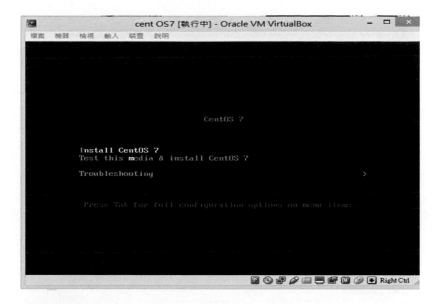

(10) 設定cent OS的系統

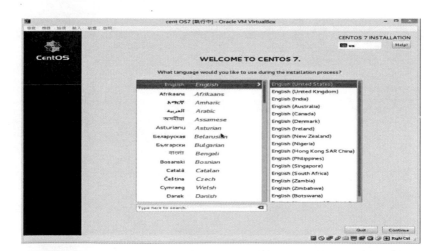

(11) 選擇語系、語言

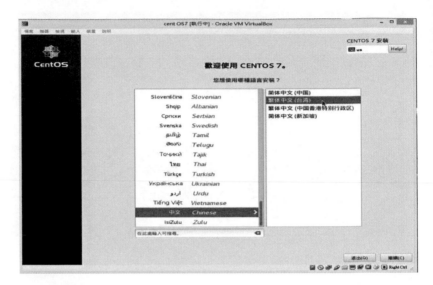

(12) 設定鍵盤配置

(13) 選擇英文(美式)

(14) 選擇語言切換方法

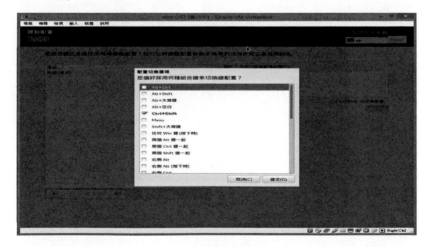

(15) 選擇安裝硬碟，要再選一次要安裝的硬碟，畫面上才不會出現驚嘆號。

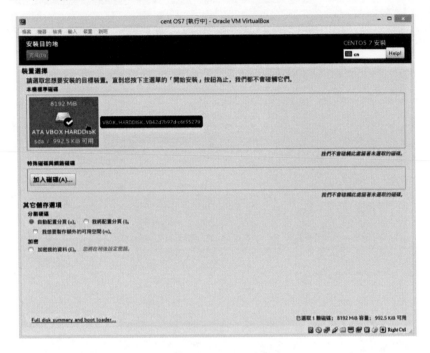

(16) 網路連線一定要開啟，這個選項如果沒有開啟，接下來必須用手動設定的方式，會很難處理。

(17) 再來是設定root密碼與用戶，可以利用在跑安裝過程時趕快設定完成。

(18) 設定root密碼

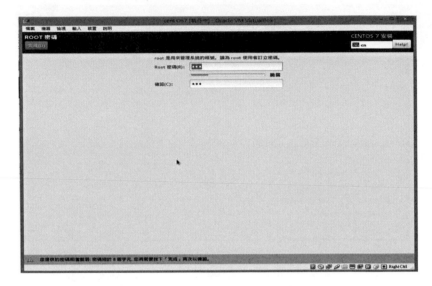

(19) 設定用戶

(20) 設定完成後，等待完成安裝

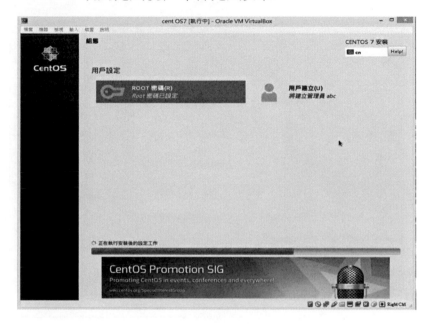

(21) 安裝完成後 Virtural Box 主控台會進入localhost
登入畫面，由於是使用虛擬的方式，因此必須再做一些設
定，才能讓虛擬的環境與真實機器互通，首先把機器關
機，做網址轉址以及連接埠的設定。

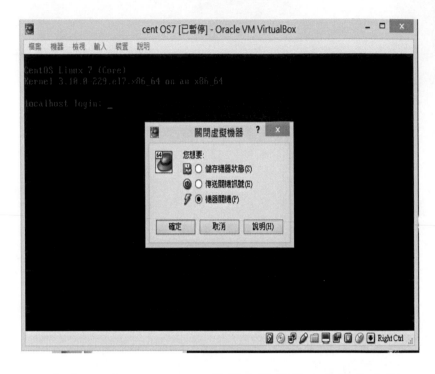

　　(22) 回到 Virtual Box 軟體主選單後，先選取虛擬
機，再按下設定選項，來做網路轉址及連接埠設定。由於
虛擬機與真實機器共用連接埠以及服務，例如安全連線服
務(SSH)，如果不另外使用並他連接埠，一般而言都是使用
22 連接埠。網路也是同樣的問題，因此一定要做相關的設
定。

(23) 開啟網路→連接埠轉送

　　(24) 設定主機IP、主機連接埠、客體IP、客體連接埠。如果是浮動IP，那每次開起都要檢查主機IP

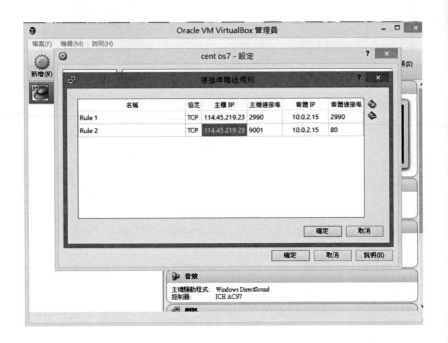

　　(25) 檢查完成後開始輸入指令建立程式，記得勾取使用網路，以下的命令才可以開啟網卡：

```
# nmtui -> active device
```

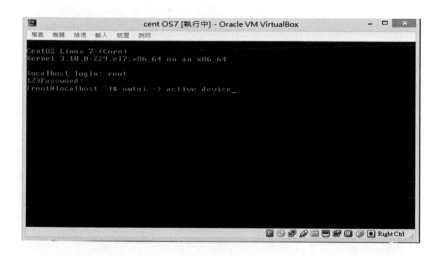

(26) 要改變 ssh port 才能繼續做系統安裝

cp -p /etc/ssh/sshd_config /etc/ssh/sshd_config.orig

(27) 上個步驟是複製一份原始的設定檔，以做為備份之用，以下則是修改安全連線的設定檔

vi /etc/ssh/sshd_config

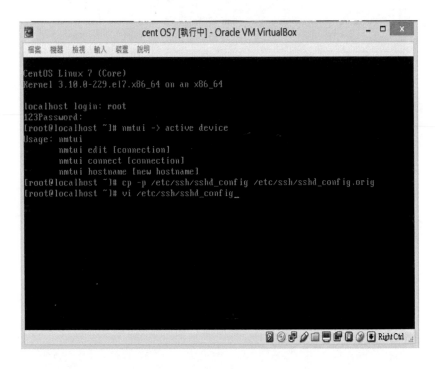

(28) 進入後會呈現這樣的畫面

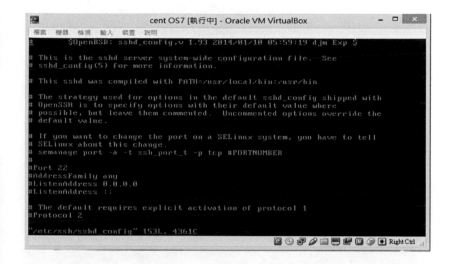

(29) 找到連接埠設定的位置，將#Port 22改成Port 2990

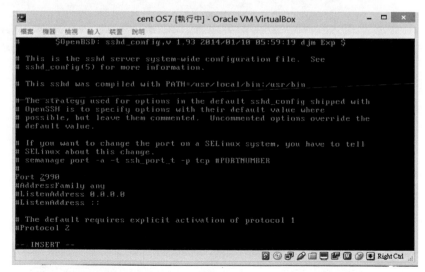

(30) 先用以下的命令來安裝semanage 命令

yum install policycoreutils-python

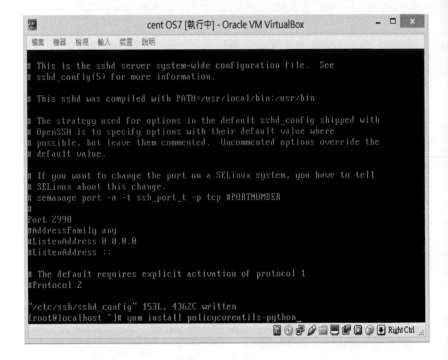

(31) 存檔後, 要重新啟動 SSH 服務

systemctl restart sshd.service

```
cent OS7 [執行中] - Oracle VM VirtualBox

檔案 機器 檢視 輸入 裝置 說明
Installing  : libsemanage-python-2.1.10-16.el7.x86_64                4/7
Installing  : libcgroup-0.41-8.el7.x86_64                            5/7
Installing  : setools-libs-3.3.7-46.el7.x86_64                       6/7
Installing  : policycoreutils-python-2.2.5-15.el7.x86_64             7/7
Verifying   : setools-libs-3.3.7-46.el7.x86_64                       1/7
Verifying   : libcgroup-0.41-8.el7.x86_64                            2/7
Verifying   : libsemanage-python-2.1.10-16.el7.x86_64                3/7
Verifying   : checkpolicy-2.1.12-6.el7.x86_64                        4/7
Verifying   : python-IPy-0.75-6.el7.noarch                           5/7
Verifying   : policycoreutils-python-2.2.5-15.el7.x86_64             6/7
Verifying   : audit-libs-python-2.4.1-5.el7.x86_64                   7/7

Installed:
  policycoreutils-python.x86_64 0:2.2.5-15.el7

Dependency Installed:
  audit-libs-python.x86_64 0:2.4.1-5.el7
  checkpolicy.x86_64 0:2.1.12-6.el7
  libcgroup.x86_64 0:0.41-8.el7
  libsemanage-python.x86_64 0:2.1.10-16.el7
  python-IPy.noarch 0:0.75-6.el7
  setools-libs.x86_64 0:3.3.7-46.el7

Complete!
[root@localhost ~]# systemctl restart sshd.service
```

(32) 開通 2990 連接埠給安全連線使用

semanage port -a -t ssh_port_t -p tcp 2990

```
cent OS7 [執行中] - Oracle VM VirtualBox

檔案 機器 檢視 輸入 裝置 說明
Installing  : libcgroup-0.41-8.el7.x86_64                            5/7
Installing  : setools-libs-3.3.7-46.el7.x86_64                       6/7
Installing  : policycoreutils-python-2.2.5-15.el7.x86_64             7/7
Verifying   : setools-libs-3.3.7-46.el7.x86_64                       1/7
Verifying   : libcgroup-0.41-8.el7.x86_64                            2/7
Verifying   : libsemanage-python-2.1.10-16.el7.x86_64                3/7
Verifying   : checkpolicy-2.1.12-6.el7.x86_64                        4/7
Verifying   : python-IPy-0.75-6.el7.noarch                           5/7
Verifying   : policycoreutils-python-2.2.5-15.el7.x86_64             6/7
Verifying   : audit-libs-python-2.4.1-5.el7.x86_64                   7/7

Installed:
  policycoreutils-python.x86_64 0:2.2.5-15.el7

Dependency Installed:
  audit-libs-python.x86_64 0:2.4.1-5.el7
  checkpolicy.x86_64 0:2.1.12-6.el7
  libcgroup.x86_64 0:0.41-8.el7
  libsemanage-python.x86_64 0:2.1.10-16.el7
  python-IPy.noarch 0:0.75-6.el7
  setools-libs.x86_64 0:3.3.7-46.el7

Complete!
[root@localhost ~]# systemctl restart sshd.service
[root@localhost ~]# semanage port -a -t ssh_port_t -p tcp 2990
```

(33) 查看連接埠的設定是否正常運作

semanage port -l | grep ssh

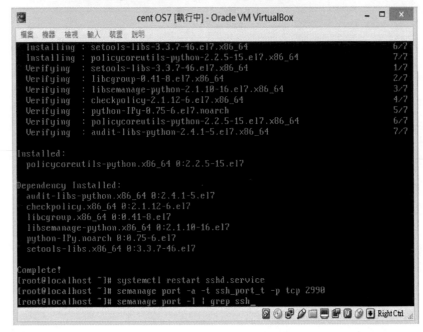

(34) CentOS 防火牆的設定，開啟 2990 及 80 連接埠

```
# firewall-cmd --permanent
--zone=public --add-port=2990/tcp
```

```
# firewall-cmd --permanent
--zone=public --add-port=80/tcp
```

```
Verifying   : setools-libs-3.3.7-46.el7.x86_64                          1/7
Verifying   : libcgroup-0.41-8.el7.x86_64                               2/7
Verifying   : libsemanage-python-2.1.10-16.el7.x86_64                   3/7
Verifying   : checkpolicy-2.1.12-6.el7.x86_64                           4/7
Verifying   : python-IPy-0.75-6.el7.noarch                             5/7
Verifying   : policycoreutils-python-2.2.5-15.el7.x86_64               6/7
Verifying   : audit-libs-python-2.4.1-5.el7.x86_64                     7/7

Installed:
  policycoreutils-python.x86_64 0:2.2.5-15.el7

Dependency Installed:
  audit-libs-python.x86_64 0:2.4.1-5.el7
  checkpolicy.x86_64 0:2.1.12-6.el7
  libcgroup.x86_64 0:0.41-8.el7
  libsemanage-python.x86_64 0:2.1.10-16.el7
  python-IPy.noarch 0:0.75-6.el7
  setools-libs.x86_64 0:3.3.7-46.el7

Complete!
[root@localhost ~]# systemctl restart sshd.service
[root@localhost ~]# semanage port -a -t ssh_port_t -p tcp 2990
[root@localhost ~]# semanage port -l | grep ssh
ssh_port_t                    tcp      2990, 22
[root@localhost ~]# firewall-cmd --permanent --zone=public --add-port=2990/tcp
```

```
  -4, --ipv4          display only IP version 4 sockets
  -6, --ipv6          display only IP version 6 sockets
  -0, --packet display PACKET sockets
  -t, --tcp           display only TCP sockets
  -u, --udp           display only UDP sockets
  -d, --dccp          display only DCCP sockets
  -w, --raw           display only RAW sockets
  -x, --unix          display only Unix domain sockets
  -f, --family=FAMILY display sockets of type FAMILY

  -A, --query=QUERY, --socket=QUERY
      QUERY := {all|inet|tcp|udp|raw|unix|packet|netlink}[,QUERY]

  -D, --diag=FILE     Dump raw information about TCP sockets to FILE
  -F, --filter=FILE   read filter information from FILE
      FILTER := [ state TCP-STATE ] [ EXPRESSION ]
[root@localhost ~]# ss -tnlp|grep ssh
LISTEN      0      128              *:2990              *:*
users:(("sshd",2416,3))
LISTEN      0      128             :::2990             :::*
users:(("sshd",2416,4))
[root@localhost ~]# firewall-cmd --permanent --zone=public --add-port=2990/tcp
success
[root@localhost ~]# firewall-cmd --permanent --zone=public --add-port=80/tcp
```

firewall-cmd –reload

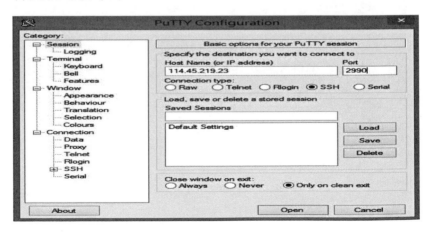

(35) 用PUTTY 程式來測試連接埠是否可以連接，要記得更改連接埠為 2990

(36) 連上虛擬機後，檢查連接埠是否正常

ss -tnlp|grep ssh

```
login as: root
root@114.45.219.23's password:
Last login: Mon Feb  1 13:04:55 2016 from 10.0.2.2
[root@localhost ~]# ss -tnlp|grep ssh
LISTEN     0      128                      *:2990                   *:*
users:(("sshd",2416,3))
LISTEN     0      128                    :::2990                  :::*
users:(("sshd",2416,4))
[root@localhost ~]#
```

(37)系統套件更新，因為接來要安裝 apache web server

sudo yum update

(38) 安裝 apache web server

sudo yum install httpd

```
numactl-libs.x86_64 0:2.0.9-5.el7_1
openldap.x86_64 0:2.4.39-7.el7.centos
openssh.x86_64 0:6.6.1p1-12.el7_1
openssh-clients.x86_64 0:6.6.1p1-12.el7_1
openssh-server.x86_64 0:6.6.1p1-12.el7_1
openssl.x86_64 1:1.0.1e-42.el7.9
openssl-libs.x86_64 1:1.0.1e-42.el7.9
pam.x86_64 0:1.1.8-12.el7_1.1
python.x86_64 0:2.7.5-18.el7_1.1
python-libs.x86_64 0:2.7.5-18.el7_1.1
rsyslog.x86_64 0:7.4.7-7.el7_1.1
selinux-policy.noarch 0:3.13.1-23.el7_1.21
selinux-policy-targeted.noarch 0:3.13.1-23.el7_1.21
sqlite.x86_64 0:3.7.17-6.el7_1.1
systemd.x86_64 0:208-20.el7_1.6
systemd-libs.x86_64 0:208-20.el7_1.6
systemd-sysv.x86_64 0:208-20.el7_1.6
trousers.x86_64 0:0.3.11.2-4.el7_1
tzdata.noarch 0:2015g-1.el7
util-linux.x86_64 0:2.23.2-22.el7_1.1
wpa_supplicant.x86_64 1:2.0-17.el7_1

Complete!
[root@localhost ~]# yum install httpd
```

（39）設定網站服務及啟動站台服務，讓CentOS 做為
站台使用。

sudo systemctl enable httpd.service

```
root@localhost:~                                            _  □  ×
Running transaction check
Running transaction test
Transaction test succeeded
Running transaction
  Installing : apr-1.4.8-3.el7.x86_64                                  1/5
  Installing : apr-util-1.5.2-6.el7.x86_64                             2/5
  Installing : httpd-tools-2.4.6-31.el7.centos.1.x86_64               3/5
  Installing : mailcap-2.1.41-2.el7.noarch                            4/5
  Installing : httpd-2.4.6-31.el7.centos.1.x86_64                      5/5
  Verifying  : mailcap-2.1.41-2.el7.noarch                            1/5
  Verifying  : httpd-tools-2.4.6-31.el7.centos.1.x86_64               2/5
  Verifying  : apr-util-1.5.2-6.el7.x86_64                            3/5
  Verifying  : apr-1.4.8-3.el7.x86_64                                 4/5
  Verifying  : httpd-2.4.6-31.el7.centos.1.x86_64                      5/5

Installed:
  httpd.x86_64 0:2.4.6-31.el7.centos.1

Dependency Installed:
  apr.x86_64 0:1.4.8-3.el7                    apr-util.x86_64 0:1.5.2-6.el7
  httpd-tools.x86_64 0:2.4.6-31.el7.centos.1   mailcap.noarch 0:2.1.41-2.el7

Complete!
[root@localhost ~]# systemctl enable httpd.service
```

sudo systemctl restart httpd.service

```
root@localhost:~                                            _  □  ×
Running transaction
  Installing : apr-1.4.8-3.el7.x86_64                                  1/5
  Installing : apr-util-1.5.2-6.el7.x86_64                             2/5
  Installing : httpd-tools-2.4.6-31.el7.centos.1.x86_64               3/5
  Installing : mailcap-2.1.41-2.el7.noarch                            4/5
  Installing : httpd-2.4.6-31.el7.centos.1.x86_64                      5/5
  Verifying  : mailcap-2.1.41-2.el7.noarch                            1/5
  Verifying  : httpd-tools-2.4.6-31.el7.centos.1.x86_64               2/5
  Verifying  : apr-util-1.5.2-6.el7.x86_64                            3/5
  Verifying  : apr-1.4.8-3.el7.x86_64                                 4/5
  Verifying  : httpd-2.4.6-31.el7.centos.1.x86_64                      5/5

Installed:
  httpd.x86_64 0:2.4.6-31.el7.centos.1

Dependency Installed:
  apr.x86_64 0:1.4.8-3.el7                    apr-util.x86_64 0:1.5.2-6.el7
  httpd-tools.x86_64 0:2.4.6-31.el7.centos.1   mailcap.noarch 0:2.1.41-2.el7

Complete!
[root@localhost ~]# systemctl enable httpd.service
ln -s '/usr/lib/systemd/system/httpd.service' '/etc/systemd/system/multi-user.ta
rget.wants/httpd.service'
[root@localhost ~]# systemctl restart httpd.service
```

(40) 安裝欲使用的後端資料庫系統，由於 MySQL 已成為商標，因此要安裝 mariadb 的開放原始碼

sudo yum install mariadb-server

```
                                    root@localhost:~                          _ □ ×
  Installing : apr-1.4.8-3.el7.x86_64                                       1/5
  Installing : apr-util-1.5.2-6.el7.x86_64                                  2/5
  Installing : httpd-tools-2.4.6-40.el7.centos.x86_64                       3/5
  Installing : mailcap-2.1.41-2.el7.noarch                                  4/5
  Installing : httpd-2.4.6-40.el7.centos.x86_64                             5/5
  Verifying  : httpd-2.4.6-40.el7.centos.x86_64                             1/5
  Verifying  : apr-1.4.8-3.el7.x86_64                                       2/5
  Verifying  : mailcap-2.1.41-2.el7.noarch                                  3/5
  Verifying  : httpd-tools-2.4.6-40.el7.centos.x86_64                       4/5
  Verifying  : apr-util-1.5.2-6.el7.x86_64                                  5/5

Installed:
  httpd.x86_64 0:2.4.6-40.el7.centos

Dependency Installed:
  apr.x86_64 0:1.4.8-3.el7                    apr-util.x86_64 0:1.5.2-6.el7
  httpd-tools.x86_64 0:2.4.6-40.el7.centos    mailcap.noarch 0:2.1.41-2.el7

Complete!
[root@localhost ~]# systemctl enable httpd.service
Created symlink from /etc/systemd/system/multi-user.target.wants/httpd.service t
o /usr/lib/systemd/system/httpd.service.
[root@localhost ~]# systemctl restart httpd.service
[root@localhost ~]# yum install mariadb-server
```

sudo systemctl enable mariadb.service

```
                                    root@localhost:~                          _ □ ×
  perl-IO-Compress.noarch 0:2.061-2.el7
  perl-Net-Daemon.noarch 0:0.48-5.el7
  perl-PathTools.x86_64 0:3.40-5.el7
  perl-PlRPC.noarch 0:0.2020-14.el7
  perl-Pod-Escapes.noarch 1:1.04-285.el7
  perl-Pod-Perldoc.noarch 0:3.20-4.el7
  perl-Pod-Simple.noarch 1:3.28-4.el7
  perl-Pod-Usage.noarch 0:1.63-3.el7
  perl-Scalar-List-Utils.x86_64 0:1.27-248.el7
  perl-Socket.x86_64 0:2.010-3.el7
  perl-Storable.x86_64 0:2.45-3.el7
  perl-Text-ParseWords.noarch 0:3.29-4.el7
  perl-Time-HiRes.x86_64 4:1.9725-3.el7
  perl-Time-Local.noarch 0:1.2300-2.el7
  perl-constant.noarch 0:1.27-2.el7
  perl-libs.x86_64 4:5.16.3-285.el7
  perl-macros.x86_64 4:5.16.3-285.el7
  perl-parent.noarch 1:0.225-244.el7
  perl-podlators.noarch 0:2.5.1-3.el7
  perl-threads.x86_64 0:1.87-4.el7
  perl-threads-shared.x86_64 0:1.43-6.el7

Complete!
[root@localhost ~]# systemctl enable mariadb.service
```

sudo systemctl start mariadb.service

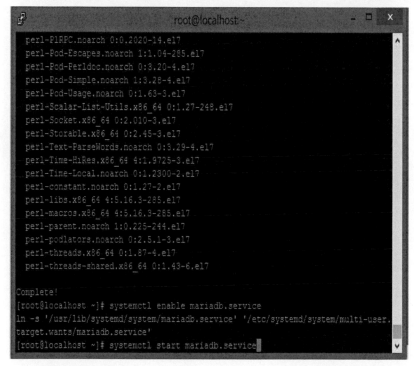

(41) set the DB(安裝中會詢問root密碼，按下enter
會重設密碼並清除匿名使用者

sudo mysql_secure_installation

```
perl-Pod-Escapes.noarch 1:1.04-285.el7
perl-Pod-Perldoc.noarch 0:3.20-4.el7
perl-Pod-Simple.noarch 1:3.28-4.el7
perl-Pod-Usage.noarch 0:1.63-3.el7
perl-Scalar-List-Utils.x86_64 0:1.27-248.el7
perl-Socket.x86_64 0:2.010-3.el7
perl-Storable.x86_64 0:2.45-3.el7
perl-Text-ParseWords.noarch 0:3.29-4.el7
perl-Time-HiRes.x86_64 4:1.9725-3.el7
perl-Time-Local.noarch 0:1.2300-2.el7
perl-constant.noarch 0:1.27-2.el7
perl-libs.x86_64 4:5.16.3-285.el7
perl-macros.x96_64 4:5.16.3-285.el7
perl-parent.noarch 1:0.225-244.el7
perl-podlators.noarch 0:2.5.1-3.el7
perl-threads.x86_64 0:1.87-4.el7
perl-threads-shared.x86_64 0:1.43-6.el7

Complete!
[root@localhost ~]# systemctl enable mariadb.service
ln -s '/usr/lib/systemd/system/mariadb.service' '/etc/systemd/system/multi-user.
target.wants/mariadb.service'
[root@localhost ~]# systemctl start mariadb.service
[root@localhost ~]# mysql_secure_installation
```

(42) 安裝 php 及相關套件

```
sudo yum install php php-pear php-
mbstring php-mysql php-gd
```

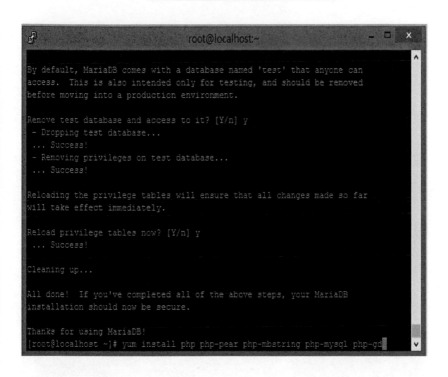

（43）安裝 phpMyAdmin，首先因為 CentOS 7 版本並未將這個項目放入套件內，所以要先裝系統擴充套件：

sudo yum install epel-release

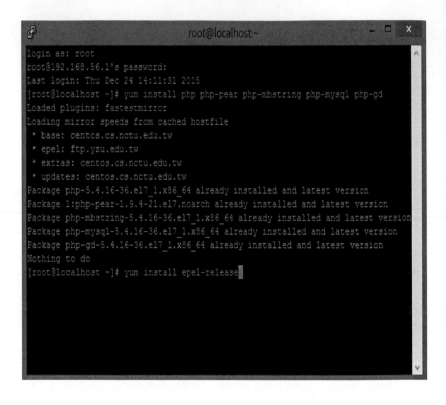

```
login as: root
root@192.168.56.1's password:
Last login: Thu Dec 24 14:11:31 2015
[root@localhost ~]# yum install php php-pear php-mbstring php-mysql php-gd
Loaded plugins: fastestmirror
Loading mirror speeds from cached hostfile
 * base: centos.cs.nctu.edu.tw
 * epel: ftp.yzu.edu.tw
 * extras: centos.cs.nctu.edu.tw
 * updates: centos.cs.nctu.edu.tw
Package php-5.4.16-36.el7_1.x86_64 already installed and latest version
Package 1:php-pear-1.9.4-21.el7.noarch already installed and latest version
Package php-mbstring-5.4.16-36.el7_1.x86_64 already installed and latest version
Package php-mysql-5.4.16-36.el7_1.x86_64 already installed and latest version
Package php-gd-5.4.16-36.el7_1.x86_64 already installed and latest version
Nothing to do
[root@localhost ~]# yum install epel-release
```

(44) 然後再裝 phpMyAdmin：

sudo yum install phpmyadmin -y

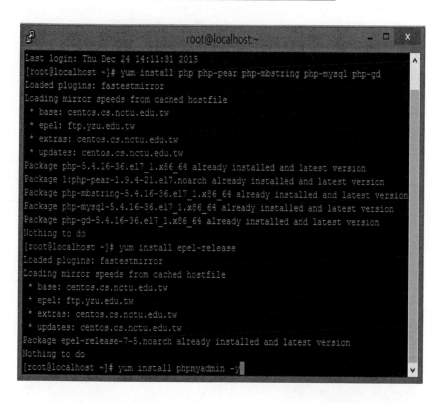

(45)修改相關參數，由於要透過網頁來操作，因此要先修改 apache 參數：

vi /etc/httpd/conf.d/phpMyAdmin.conf

```
Package 1:php-pear-1.9.4-21.el7.noarch already installed and latest version
Package php-mbstring-5.4.16-36.el7_1.x86_64 already installed and latest version
Package php-mysql-5.4.16-36.el7_1.x86_64 already installed and latest version
Package php-gd-5.4.16-36.el7_1.x86_64 already installed and latest version
Nothing to do
[root@localhost ~]# yum install epel-release
Loaded plugins: fastestmirror
Loading mirror speeds from cached hostfile
 * base: centos.cs.nctu.edu.tw
 * epel: ftp.yzu.edu.tw
 * extras: centos.cs.nctu.edu.tw
 * updates: centos.cs.nctu.edu.tw
Package epel-release-7-5.noarch already installed and latest version
Nothing to do
[root@localhost ~]# yum install phpmyadmin -y
Loaded plugins: fastestmirror
Loading mirror speeds from cached hostfile
 * base: centos.cs.nctu.edu.tw
 * epel: ftp.yzu.edu.tw
 * extras: centos.cs.nctu.edu.tw
 * updates: centos.cs.nctu.edu.tw
Package phpMyAdmin-4.4.15.1-1.el7.noarch already installed and latest version
Nothing to do
[root@localhost ~]# vi /etc/httpd/conf.d/phpMyAdmin.conf
```

將 apache 參數修改成如下

Alias /phpMyAdmin /usr/share/phpMyAdmin
Alias /phpmyadmin /usr/share/phpMyAdmin
<Directory /usr/share/phpMyAdmin/>
      Options Indexes FollowSymLinks MultiViews
   DirectoryIndex index.php
   AllowOverride all
   Require all granted <<-- 這項是 apache 2.0 以上版本專用

</Directory>

```
# phpMyAdmin - Web based MySQL browser written in php
#
# Allows only localhost by default
#
# But allowing phpMyAdmin to anyone other than localhost should be considered
# dangerous unless properly secured by SSL

Alias /phpMyAdmin /usr/share/phpMyAdmin
Alias /phpmyadmin /usr/share/phpMyAdmin

<Directory /usr/share/phpMyAdmin/>
   AddDefaultCharset UTF-8
                Options Indexes FollowSymLinks MultiViews
   DirectoryIndex index.php
   AllowOverride all
   Require all granted
</Directory>

<Directory /usr/share/phpMyAdmin/setup/>
   <IfModule mod_authz_core.c>
      # Apache 2.4
      <RequireAny>
         Require ip 127.0.0.1
-- INSERT --
```

其次修改 config.inc.php，這個檔案的路徑會有所不同，修改時要小心！這個 CentOS 版本是將其放在 /etc/phpMyAdmin/ 下

vi /etc/phpMyAdmin/config.inc.php

欲修改的內容如下

$cfg['Servers'][$i]['auth_type'] = 'http' ;   // Authentication method (config, http or cookie based)?

$cfg['Servers'][$i]['user']   = 'root' ;   // MySQL user

$cfg['Servers'][$i]['password'] = 'morgan' ; // MySQL
password (only needed

```
Installed:
  phpMyAdmin.noarch 0:4.4.15.2-1.el7

Dependency Installed:
  dejavu-fonts-common.noarch 0:2.33-6.el7
  dejavu-sans-fonts.noarch 0:2.33-6.el7
  fontpackages-filesystem.noarch 0:1.44-8.el7
  libtidy.x86_64 0:0.99.0-31.20091203.el7
  php-bcmath.x86_64 0:5.4.16-36.el7_1
  php-php-gettext.noarch 0:1.0.11-12.el7
  php-tcpdf.noarch 0:6.2.11-1.el7
  php-tcpdf-dejavu-sans-fonts.noarch 0:6.2.11-1.el7
  php-tidy.x86_64 0:5.4.16-3.el7

Complete!
[root@localhost ~]# vi /etc/httpd/conf.d/phpMyAdmin.conf
[root@localhost ~]# vi /etc/httpd/conf.d/phpMyAdmin.conf
[root@localhost ~]# vi /etc/phpMyAdmin/
[root@localhost ~]# vi /etc/phpMyAdmin/config.inc.php
[root@localhost ~]# service httpd restart
Redirecting to /bin/systemctl restart  httpd.service
[root@localhost ~]# vi /etc/phpMyAdmin/config.inc.php
[root@localhost ~]# vi /etc/phpMyAdmin/config.inc.php
```

```
$cfg['Servers'][$i]['controlpass']   = '';        // access to the "mysql/user
"                                                  // and "mysql/db" tables).
                                                   // The controluser is also
                                                   // used for all relational
                                                   // features (pmadb)
$cfg['Servers'][$i]['auth_type']     = 'http';     // Authentication method (conf
ig, http or cookie based)?
$cfg['Servers'][$i]['user']          = 'root';        // MySQL user
$cfg['Servers'][$i]['password']      = '123';         // MySQL password (only n
eeded
                                                   // with 'config' auth_type)
$cfg['Servers'][$i]['only_db']       = '';         // If set to a db-name, only
                                                   // this db is displayed in l
eft frame
                                                   // It may also be an array o
f db-names, where sorting order is relevant.
$cfg['Servers'][$i]['hide_db']       = '';         // Database name to be hidde
n from listings
$cfg['Servers'][$i]['verbose']       = '';         // Verbose name for this hos
t - leave blank to show the hostname
```

(46) 重新啟動 apache 站台服務

sudo service httpd restart

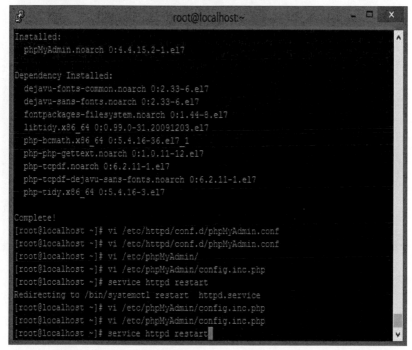

(47) 因為Linux系統會阻擋phpmyadmin運行，所以必須更改系統設定

vi /etc/selinux/config

```
root@localhost:~
login as: root
root@192.168.56.1's password:
Last login: Thu Dec 24 14:00:48 2015
[root@localhost ~]# vi /etc/selinux/config
```

請依以下的內容來修改 SELINUX 參數

This file controls the state of SELinux on the system.

SELINUX= can take one of these three values:

enforcing - SELinux security policy is enforced.

permissive - SELinux prints warnings instead of enforcing.

disabled - No SELinux policy is loaded.

SELINUX=disabled

SELINUXTYPE= can take one of these two values:

targeted - Only targeted network daemons are protected.

strict - Full SELinux protection.

SELINUXTYPE=targeted

```
root@localhost:~                          _  □  X

# This file controls the state of SELinux on the system.
# SELINUX= can take one of these three values:
#     enforcing - SELinux security policy is enforced.
#     permissive - SELinux prints warnings instead of enforcing.
#     disabled - No SELinux policy is loaded.
SELINUX=disabled
# SELINUXTYPE= can take one of three two values:
#     targeted - Targeted processes are protected,
#     minimum - Modification of targeted policy. Only selected processes are pro
tected.
#     mls - Multi Level Security protection.
SELINUXTYPE=targeted
```

再重新開機就行了!

(48) 系統設定完成後測試phpmyadmin站台是否可運作, 有跑出登入頁面即表示安裝成功

輸入帳號root及密碼

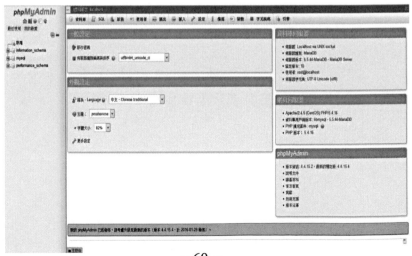

(49) 安裝 Yii 架構套件，由於是透過 composer 來管理套件，所以要先安裝 composer，然後才能繼續安裝其他相關套件。

```
curl -sS https://getcomposer.org/
installer | php
```

接著要將 composer 主程式移至系統路徑所在

```
sudo mv composer.phar /usr/local/bin/
composer
```

(50) 安裝 composer 相關的必要套件，將會裝在 / Users/'User Name'/.composer

composer global require "fxp/composer-asset-plugin:*"

(51) 利用 Composer，安裝 Yii 架構

composer create-project --prefer-dist
yiisoft/yii2-app-basic yiiWeb 2.0.6

```
root@localhost:~                                          _ □ ×

root@114.45.219.23's password:
Last login: Mon Feb  1 14:45:17 2016
[root@localhost ~]# vi /etc/phpMyAdmin/config.inc.php
[root@localhost ~]# vi /etc/phpMyAdmin/config.inc.php
[root@localhost ~]# curl -sS https://getcomposer.org/installer | php
All settings correct for using Composer
Downloading...

Composer successfully installed to: /root/composer.phar
Use it: php composer.phar
[root@localhost ~]# mv composer.phar /usr/local/bin/composer
[root@localhost ~]# composer global require "fxp/composer-asset-plugin:*"
Changed current directory to /root/.composer
./composer.json has been created
Loading composer repositories with package information
Updating dependencies (including require-dev)
  - Installing fxp/composer-asset-plugin (v1.1.1)
    Downloading: 100%

Writing lock file
Generating autoload files
[root@localhost ~]# composer create-project --prefer-dist yiisoft/yii2-app-basic
 yiiWeb 2.0.6
```

在安裝過程中，如果有出現 token 相關的錯誤訊
息，用以下的方式解決問題。

composer config -g
github-oauth.github.com
a26b3eb358f082b57568310364a3fefdd4f5a466

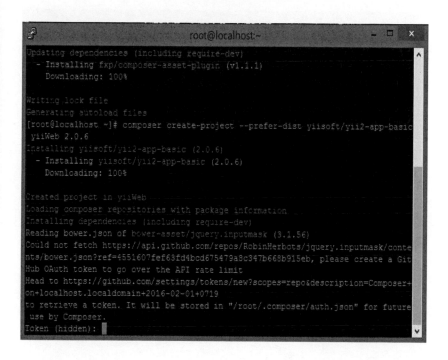

(52) 將已安裝好的 Yii 架構，移至網站所在的主目
錄

sudo cp -R yiiWeb /var/www/html/

```
root@localhost:~                              _ □ ✕

 - Installing bower-asset/typeahead.js (v0.10.5)
   Downloading: 100%

 - Installing phpspec/php-diff (v1.0.2)
   Downloading: 100%

 - Installing yiisoft/yii2-gii (2.0.4)
   Downloading: 100%

 - Installing fzaninotto/faker (v1.5.0)
   Downloading: 100%

 - Installing yiisoft/yii2-faker (2.0.3)
   Downloading: 100%

fzaninotto/faker suggests installing ext-intl (*)
Writing lock file
Generating autoload files
> yii\composer\Installer::postCreateProject
chmod('runtime', 0777)...done.
chmod('web/assets', 0777)...done.
chmod('yii', 0755)...done.
[root@localhost ~]# cp -R yiiWeb /var/www/html/
```

因為runtime和assets的目錄, 使用權限受限制, 會造成http://ip/yiiWeb/web測試頁面不能正常開啟, 必須使用命令調整權限

    sudo chmod -R 777 /var/www/html/
yiiWeb

```
                         root@localhost:~                    _ □ ×
login as: root
root@114.36.80.120's password:
Last login: Tue Feb  2 20:30:07 2016
[root@localhost ~]# chmod -R 777 /var/www/html/yiiWeb
```

(53) 站台測試

　　上述的 Yii 架構安裝方式，會自動建置一個基本
版型，若一切都安裝成功，則可以用瀏覽器來察看。輸
入：http://ip/yiiWeb/requirements.php 來檢查系統是否安
裝正常。

Yii Application Requirement Checker

Description

This script checks if your server configuration meets the requirements for running Yii application. It checks if the server is running the right version of PHP, if appropriate PHP extensions have been loaded, and if php.ini file settings are correct.

There are two kinds of requirements being checked. Mandatory requirements are those that have to be met to allow Yii to work as expected. There are also some optional requirements being checked which will show you a warning when they do not meet. You can use Yii framework without them but some specific functionality may be not available in this case.

Conclusion

Your server configuration satisfies the minimum requirements by this application.
Please pay attention to the warnings listed below and check if your application will use the corresponding features.

Details

Name	Result	Required By	Memo
PHP version	Passed	Yii Framework	PHP 5.4.0 or higher is required.
Reflection extension	Passed	Yii Framework	
PCRE extension	Passed	Yii Framework	
SPL extension	Passed	Yii Framework	
Ctype extension	Passed	Yii Framework	
MBString extension	Passed	Multibyte string processing	Required for multibyte encoding string processing.
OpenSSL extension	Passed	Security Component	Required by encrypt and decrypt methods.

如果有沒有安裝好的套件或是系統不支援的功能，在這個頁面上都會有警告訊息。

接下來就可以輸入：http://'your ip'/yiiWeb/web，來打開站台，體驗一下 Yii 架構為站台預置的各項功能。

My Company   Home About Contact Login

Congratulations!

You have successfully created your Yii-powered application.

Get started with Yii

Heading

Lorem ipsum dolor sit amet, consectetur adipisicing elit, sed do eiusmod tempor incididunt ut labore et dolore magna aliqua. Ut enim ad minim veniam, quis nostrud exercitation ullamco laboris nisi ut aliquip ex ea commodo consequat. Duis aute irure dolor in reprehenderit in voluptate velit esse cillum dolore eu fugiat nulla pariatur.

Yii Documentation »

Heading

Lorem ipsum dolor sit amet, consectetur adipisicing elit, sed do eiusmod tempor incididunt ut labore et dolore magna aliqua. Ut enim ad minim veniam, quis nostrud exercitation ullamco laboris nisi ut aliquip ex ea commodo consequat. Duis aute irure dolor in reprehenderit in voluptate velit esse cillum dolore eu fugiat nulla pariatur.

Yii Forum »

Heading

Lorem ipsum dolor sit amet, consectetur adipisicing elit, sed do eiusmod tempor incididunt ut labore et dolore magna aliqua. Ut enim ad minim veniam, quis nostrud exercitation ullamco laboris nisi ut aliquip ex ea commodo consequat. Duis aute irure dolor in reprehenderit in voluptate velit esse cillum dolore eu fugiat nulla pariatur.

Yii Extensions »

© My Company 2016   Powered by Yii Framework

第六章 後端資料庫設置

(1) MySQL 資料庫操作

使用者可用不同的軟體來操作MySQL 資料庫系統，因為 MAMP 已內建了 phpMyAdmin 了，因此在後端資料庫的使用上，就以 phpMyAdmin 來完成。

首先建立資料庫：jcomp，連線語系要選對，否則中文資料會有問題，一般是使用 utf8_general_ci。接下來建立所需表格，可以使用 phpMyAdmin 提供的介面，但是一般而言，還是用UML 分析工具來產生 SQL 程式碼或是自行用文字編輯器來建立，會比較有效率些。為讓讀者了解表格之間的關聯性，特地畫了如下的 E-R 圖：

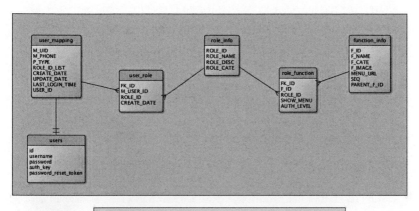

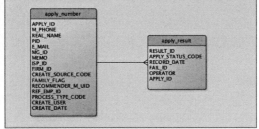

下表則為根據上圖，所產生的SQL建立表格命令：

```
CREATE TABLE `users` (
`id` int(11) NOT NULL auto_increment primary key ,
 `username` varchar(20) NOT NULL,
 `password` varchar(20) NOT NULL,
 `auth_key` varchar(32) NOT NULL,
 `password_reset_token` varchar(255) DEFAULT NULL
) ENGINE=InnoDB  DEFAULT CHARSET=utf8;

CREATE TABLE `user_mapping` (
```

```
`M_UID` int(10) unsigned NOT NULL COMMENT '使用者ID流水號',
  `M_PHONE` varchar(50) DEFAULT NULL COMMENT '手機門號',
  `P_TYPE` int(11) DEFAULT NULL COMMENT '門號類型',
  `ROLE_ID_LIST` varchar(100) DEFAULT NULL COMMENT '角色ID清
單',
  `CREATE_DATE` datetime NOT NULL COMMENT '建立時間',
  `UPDATE_DATE` varchar(40) DEFAULT NULL COMMENT '更新時
間',
  `LAST_LOGIN_TIME` datetime DEFAULT NULL COMMENT '最後登
入時間',
  `USER_ID` int(11) unsigned NOT NULL COMMENT '關聯外部系統使
用者ID'
) ENGINE=InnoDB AUTO_INCREMENT=48 DEFAULT CHARSET=utf8
COMMENT='MVPN使用者資料表';


CREATE TABLE `user_role` (
`FK_ID` int(10) unsigned NOT NULL COMMENT '流水號',
  `M_USER_ID` int(10) unsigned NOT NULL COMMENT '關聯使用者
ID',
  `ROLE_ID` int(10) unsigned NOT NULL COMMENT '關聯角色ID',
  `CREATE_DATE` datetime NOT NULL COMMENT '建立時間'
) ENGINE=InnoDB AUTO_INCREMENT=63 DEFAULT CHARSET=utf8
COMMENT='使用者角色對應資料表';


CREATE TABLE `role_info` (
`ROLE_ID` int(10) unsigned NOT NULL COMMENT '角色編號',
  `ROLE_NAME` varchar(50) DEFAULT NULL COMMENT '角色名稱',
  `ROLE_DESC` varchar(255) DEFAULT NULL COMMENT '角色描述',
  `ROLE_CATE` varchar(50) DEFAULT NULL COMMENT '角色類別'
) ENGINE=InnoDB AUTO_INCREMENT=14 DEFAULT CHARSET=utf8
COMMENT='角色資料表';
```

CREATE TABLE `role_function` (
`FK_ID` int(10) unsigned NOT NULL COMMENT '角色功能流水號',
  `F_ID` int(10) unsigned NOT NULL COMMENT '功能ID',
  `ROLE_ID` int(10) unsigned NOT NULL COMMENT '角色ID',
  `SHOW_MENU` bit(1) DEFAULT NULL COMMENT '是否顯示在選單',
  `AUTH_LEVEL` tinyint(3) unsigned DEFAULT NULL COMMENT '使用權限等級'
) ENGINE=InnoDB AUTO_INCREMENT=89 DEFAULT CHARSET=utf8
COMMENT='角色功能資料表';

CREATE TABLE `function_info` (
`F_ID` int(10) unsigned NOT NULL COMMENT '功能流水號',
  `F_NAME` varchar(50) DEFAULT NULL COMMENT '功能名稱',
  `F_CATE` varchar(50) DEFAULT NULL COMMENT '功能類別',
  `F_IMAGE` varchar(255) DEFAULT NULL COMMENT '功能ICON圖片路徑',
  `MENU_URL` varchar(50) DEFAULT NULL COMMENT '選單路徑',
  `SEQ` int(11) NOT NULL COMMENT '功能排序',
  `PARENT_F_ID` int(11) unsigned NOT NULL COMMENT '父功能ID'
) ENGINE=InnoDB AUTO_INCREMENT=47 DEFAULT CHARSET=utf8
COMMENT='系統功能表';

CREATE TABLE `firm_info` (
`FIRM_ID` int(10) unsigned NOT NULL COMMENT '企業ID流水號',
  `F_CODE` varchar(50) DEFAULT NULL COMMENT '企業單號',
  `F_NAME` varchar(100) DEFAULT NULL COMMENT '企業名稱',
  `F_TYPE` int(11) NOT NULL COMMENT '企業申請類型1_一般型 2_員工型 3_EMail驗證型',
  `REF_F_ID` int(11) unsigned NOT NULL COMMENT '相依企業',

`EMAIL_DOMAIN` varchar(100) DEFAULT NULL COMMENT 'Email認證Domain',

`RECOM_FLAG` bit(1) DEFAULT NULL COMMENT '可推薦',

`PRINT_FLAG` bit(1) DEFAULT NULL COMMENT '是否允許列印',

`LOGO_IMAGE` varchar(100) DEFAULT NULL COMMENT '企業LOGO圖檔路徑',

`EMAIL_VAL_URL` varchar(100) DEFAULT NULL COMMENT '驗證網址',

`ACTIVITE` bit(1) DEFAULT NULL COMMENT '狀態',

`CREATE_USER` int(11) NOT NULL COMMENT '建立使用者ID',

`CREATE_DATE` datetime NOT NULL COMMENT '建立時間',

`UPDATE_USER` int(11) DEFAULT NULL COMMENT '更新使用者ID',

`UPDATE_DATE` datetime DEFAULT NULL COMMENT '更新時間',

`STATUS` bit(1) DEFAULT NULL COMMENT '狀態',

`JUIKER_MBR` tinyint(1) NOT NULL
) ENGINE=InnoDB AUTO_INCREMENT=234 DEFAULT CHARSET=utf8 COMMENT='企業資料表';

CREATE TABLE `apply_number` (
`APPLY_ID` int(10) unsigned NOT NULL,

`M_PHONE` varchar(50) NOT NULL COMMENT '手機門號',

`REAL_NAME` varchar(100) DEFAULT NULL COMMENT '真實姓名',

`PID` varchar(50) DEFAULT NULL COMMENT '身份證字號',

`E_MAIL` varchar(100) DEFAULT NULL COMMENT '信箱',

`MG_ID` int(11) DEFAULT NULL COMMENT '申請MVPN群組ID',

`MEMO` varchar(255) DEFAULT NULL COMMENT '備註',

`ISP_ID` int(11) DEFAULT NULL COMMENT '關聯電信業者',

`FIRM_ID` int(11) DEFAULT NULL COMMENT '關聯企業ID',

`CREATE_SOURCE_CODE` varchar(30) DEFAULT NULL COMMENT '

建立來源代碼`,

　`FAMILY_FLAG` bit(1) DEFAULT NULL COMMENT `是否為親友件`,

　`RECOMMENDER_M_UID` int(11) DEFAULT NULL COMMENT `推薦人ID`,

　`REF_EMP_ID` int(11) DEFAULT NULL COMMENT `相依員工編號`,

　`PROCESS_TYPE_CODE` varchar(30) NOT NULL COMMENT `處理狀態代碼`,

　`CREATE_USER` int(11) NOT NULL COMMENT `建立使用者ID`,

　`CREATE_DATE` varchar(40) NOT NULL COMMENT `建立日期`

) ENGINE=InnoDB AUTO_INCREMENT=70 DEFAULT CHARSET=utf8 COMMENT=`申請門號資料表`;

CREATE TABLE `apply_result` (

`RESULT_ID` int(10) unsigned NOT NULL COMMENT `核覆流水號`,

　`APPLY_STATUS_CODE` varchar(30) DEFAULT NULL COMMENT `核覆狀態`,

　`RECORD_DATE` datetime NOT NULL COMMENT `核覆日期`,

　`FAIL_ID` int(11) DEFAULT NULL COMMENT `失敗原因關聯資料表`,

　`OPERATOR` int(11) unsigned NOT NULL COMMENT `作業使用者ID`,

　`APPLY_ID` int(10) unsigned NOT NULL COMMENT `手機門號`

) ENGINE=InnoDB AUTO_INCREMENT=59 DEFAULT CHARSET=utf8 COMMENT='MVPN核覆結果資料表';

　　資料表的建置上要注意欄位型態的定義，尤其是在做表格關聯時，常會因為型態的不同，而無法建立起關聯。

(2) Yii 介接類別

　　Yii 架構提供類別模組來與後端資料庫系統溝通，另外也預先安裝了 ActiveRecord 套件，讓使用者不一定要使用 SQL 命令，也能做資料庫操作，本書後面會有專門的章節來討論如何使用這個套件。為了讓使用者能順利建立與資料庫表格對接的類別，Yii 架構提供了另一個自動產生程式碼的功能，稱為 gii，這個程式碼自動產生器也是內建的。要使用 gii 之前要先設定好資料庫的連結，檔案在 config/db.php，請依照自己的 MySQL 系統來設定參數，以下是 MAMP 套件裡MySQL 資料庫系統的連結設定：

```php
<?php

return [
    'class'    =>    'yii\db\Connection',
    'dsn'      =>    'mysql:host=localhost;dbname=jcomp',
    'username' =>    'root',
    'password' =>    'root',
    'charset'  =>    'utf8',
];
```

　　接著在瀏覽器輸入以下網址：http://localhost:8888/yiiWeb/web/index.php?r=gii 就可以進入 gii 的管理介面，

畫面如下：

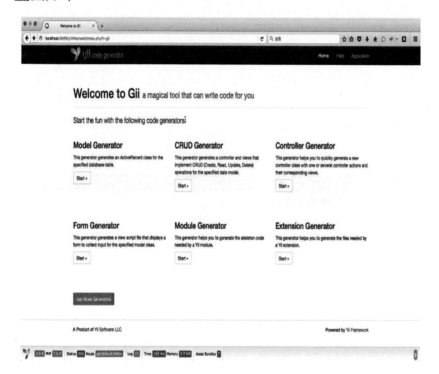

　　如畫面所示，一共有六個不同的程式碼自動產生器，其中 Model 是用來產生對應資料表的類別，CRUD 則是根據 Model 自動產生資料庫操作的基本功能：新增、修改，刪除以及查詢等。Controller 則是用來產生控制邏輯的程式碼，Form 則是用來產生畫面表單的程式碼，這部份必須配合另一個 Yii 套件 ActiveForm 使用。最後兩項

則是用來產生 Yii 架構專用模組以及延伸模組的程式碼。
以下用產生對應於資料表 form_info 的類別，來說明如何
使用 gii。

首先點選 Model Generator 項下的 Start 按鈕，並
填寫相應的資料，如下圖所示。

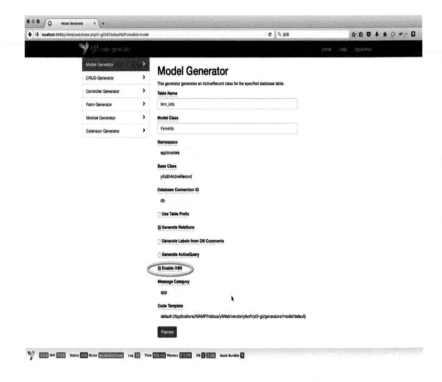

由於已經自動連上後端 MySQL 資料庫了，因此
在表格欄位(Table Name) 會自動帶入目前已經存在的資

料表格名稱。為了讓開發者能清楚知道實際表格名稱以及
對應的類別名稱,在設計資料庫表格時,特地使用小寫加
上底線(_)做為表格命名的原則,在此 gii 會自動將這
類的命名轉成駝峰字,如在此例表格名稱為 firm_info,
類別名稱則自動對應成 FirmInfo,至於其他如名稱空間
(namespace),基礎類別以及所在位置等,就由 gii 自動
來處理。在要附帶一提的是如果系統有多語系考量,亦
即除了中文外,還會有其他語系的需求時,請記得點選
Enable I18N 選項,這個選項會帶入 Yii 架構下另一個轉換
函數 Yii::t(),日後只要將對應字串做語系翻譯,就能不同
語系的版本了。最後點選 Preview 來預覽要產生的檔案,

再按 Generate 即可產生類別程式碼了。另外，因為資料
庫操作中，新增、修改、刪除及查詢是基本功能，以下截
圖一樣用產生器來產生相應的程式碼。

　　在填寫過程如何不了解的地方，只要移到項目上，
都會有提示的字串，例如上圖所示，對於類別要填寫全
路徑：app\models\model_name。同樣地在預覽之後再按
Generate 來產生程式碼。

有個地方要注意一下，就是類別路徑的寫法與 View 路徑的寫法不同！尤其是 view 目錄的命名會自動對應到 controller 的名稱，而且會改成小寫及用連結符號(–)當做命名原則，要特別留意否則會造成系統找不到 view 的畫面。

　　應用系統的建置到此，應該要進一步了解在 Yii 架構下，使用者是如何存取每一個頁面。以傳統的 PHP 網站應用程式而言，在根目錄下的每一個次目錄都會轉成 URL 的一部份，而 PHP 檔案則是最後頁面存取的所在。但是在新興的MVC網頁開發架構下，程式控制邏輯與最後呈現的頁面，是分別放在不同的目錄裡。當使用者要求讀取頁面時，才會透過'路由'的機制，指定由哪支控制程式(controller)來處理使用者的要求，並且指定由哪個頁面(view) 來回應這個要求。Yii 的架構裡，並沒有特定的設定檔來扮演這個'路由'的工作，反而是隱性地由特定參數 r= 做為路由切換的工作。當使用者以如下的形式：http://localhost:8888/yiiWeb/web/index.php?r=abc，向站台提出要求時， Yii 系統就會到 controllers 目錄下，找尋符合參數名稱並以 Controller 結尾的檔案，來處理使用者的要求。以本例而言，就會到 controllers 目錄下，找尋 AbcController.php 來處理。打開系統預先建立的 SiteController.php，可看到每個功能(函數)都是以 action 開頭，其中一定會有一支 actionIndex()的函數，這是用來處理當使用者沒有附加任何值時，預設的處理函數。

那要如何連結到顯示的頁面呢？如果不做任何路徑指定的話，就會直接讀取 views 目錄下，同名的次目錄裡的檔案，當做預設的畫面顯示程式。這個指定的動作就寫在 controller 裡，以 SiteController 裡的 actionIndex 為例，就會直接以 views/site/index.php 當做預設處理頁面的所在。這個預設值是可以更改的，在下一個章節裡，將討論如何做前端頁面的佈建時，會進一步介紹使用樣版語言來替換。

雖然 Yii 架構的讀取路徑處理很方便，但是將 index.php?r= 留在網址裡，真的不是很人性化。為此，再引入另一個 Yii 內建的元件：urlManager，可以隱藏上述的參數列，還可以做路徑轉換的設定。在此，僅做傳入參數的隱藏。設定的方法如下，在 config/web.php 裡，加上以下的設定值：

```
'components'    => [
    ...
'urlManager'    => [
        'class'    =>    'yii\web\UrlManager',
        'showScriptName'    => false,    // Disable index.php
        'enablePrettyUrl'    => true,
        'enableStrictParsing'    => false,
```

```
    ],
    ]
```

另外還要利用 apache 網頁伺服器做轉址, 因此要在 web 目錄下, 建立一個 .htaccess 檔案, 內容如下:

```
RewriteEngine on

# If a directory or a file exists, use it directly
RewriteCond %{REQUEST_FILENAME} !-f
RewriteCond %{REQUEST_FILENAME} !-d
# Otherwise forward it to index.php
RewriteRule . index.php
```

存檔後再重新開啟站台, 就可以用如下的網址來讀取頁面: http://'your ip'/yiiWeb/web/gii/

第七章 前端頁面處理

(1) 版型引入

　　由於行動上網是目前的主流，在網頁設計領域也走向回應式網頁設計(Responsive Web Design)。對於一個程式設計師而言，主要的考量還是在系統功能面的開發，因此，如果能利用網路現有的資源，就能解決頁面的配置，何樂而不為呢！為引導讀者能利用網路資源，特從免費的網站 (http://www.html5xcss3.com) 下載一個適合的版型 (http://www.html5xcss3.com/2014/12/collodion-responsive-html5-theme.html)，當做本書的範例，說明如何將這類的固定版型，套用到　Yii 架構下。

(2) 切版

　　下載的版型並不能直接放到 Yii 的系統裡，主要的原因在於這種回應式網頁多屬單頁式，不適合套用到以程式控制的頁面中，因此必須做”切版”的動作，才能調整成 Yii 架構可使用的版型。在要再引入一種版型語言—Twig，其目的在於將網頁控制碼及程式碼分離，簡言之，就是讓控制邏輯與顯示頁面分離，這樣在程式撰寫上會比較

方便。Twig（http://twig.sensiolabs.org/doc/intro.html）是PHP新一代樣版語言，可配合不同的架構來使用，以筆者的開發經驗，至少在 Symfony 及 Yii 架構下，都能正常運作。使用樣版語言的最大好處理就是資料顯示與程式分離，以往 PHP 被垢病的程式碼與 HTML 碼夾雜的現象，可以完全解決。以下的步驟為將 Twig 版型語言引入 Yii 的架構裡。

（1）套件安裝

使用 composer 安裝 Twig 套件（https://github.com/yiisoft/yii2-twig），首先利用終端機程式，切換到應用程式的主目錄，然後用以下的命令來安裝

```
$ composer require --prefer-dist yiisoft/yii2-twig
```

另一個方式則是直接在 composer.json 檔案裡，加上以下的程式片斷

```
"require" : {
  ...
  "yiisoft/yii2-twig" : "~2.0.0"
}
```

然後再執行以下的更新命令:

```
$ composer update
```

(2) 修改設定

用文字編輯器, 打開 config 目錄下 web.php 檔,
並加上以下的程式碼片斷:

```
[
    'components' => [
        'view' => [
            'class' => 'yii\web\View',
            'renderers' => [
                'tpl' => [
                    'class' => 'yii\smarty\ViewRenderer',
                    // 'cachePath' => '@runtime/Smarty/cache',
                ],
                'twig' => [
                    'class' => 'yii\twig\ViewRenderer',
                    'cachePath' => '@runtime/Twig/cache',
                    // Array of twig options:
                    'options' => [
                        'auto_reload' => true,
                    ],
                    'globals' => [ 'html' => '\yii\helpers\Html' ],
                    'uses' => [ 'yii\bootstrap' ],
                ],
                // …
```

```
        ],
      ],
    ],
]
```

　　然後再重新開啟網站伺服器，就可以測試是否能使用 Twig 語法了。

(3) 測試 Twig 語法

　　本測試的目的在於檢查站台是否接受 Twig 語法，因此打開 controllers 目錄下的 SiteController.php，修改以下的程式片斷：

```php
public function actionIndex()
    {
        return $this->render( 'index.twig' , [ 'username'  =>  'Alex' ]);
    }
```

　　這是將原先會讀取 index.php 的顯示函數，改成讀取 index.twig，並傳入一個參數值，以測試是否能正確轉譯。接著複製 views 目錄下 site 目錄裡的 index.php 成為 index.twig，並加入以下的內容：

User : {{username}}

要記得在 twig 版型頁中，不能有如下的程式碼：

```php
<?php
/* @var $this yii\web\View */
$this->title = 'My Yii Application' ;
?>
```

---

(4) 切版

有了 Twig 版型語言之後，要建立一個共用的"母版"，以做為各個頁面顯示的基礎。在此也要調整一下 Yii 架構原先的頁面顯示機制，Yii 原先的架構並沒有"套版"的機制，但是所有的頁面會先讀取 views/layout 下的 main.php 當做頁面的基底。因此為了要配合原有的架構，以及仍有一些 Yii 的元件要先載入，最好的方式就是改寫 main.php 成為俱有原先架構，並融入 twig 語法，這樣就可以兩者的好處都保留下來了。原先的 main.php 內容是一個 Yii套版的範例，網路上有改成 main.twig 的版本，但幾經測試後，發現如果改換 main.twig的設定，在套用其他 jQuery 元件時，系統執行會發生問題，因此最簡單的方式

就是，讓 main.php 僅保留最基本的設定，其他的區塊設定及相關檔案的讀取，都由另一個 twig 檔來完成。本範例將使用 based.twig 來當做基礎檔。以下是main.php 的內容

```php
<?php

/* @var $this \yii\web\View */
/* @var $content string */

use yii\helpers\Html;
use yii\bootstrap\Nav;
use yii\bootstrap\NavBar;
use yii\widgets\Breadcrumbs;
use app\assets\AppAsset;

AppAsset::register($this);
?>
<?php $this->beginPage() ?>

    <?= $content ?>

<?php $this->endPage() ?>
```

然後將下載的版型，加上 Twig 的語法，做成母版放到 views 目錄底下，並命名為 based.twig，內容如下。

```
{{ use( 'yii\\helpers\\Html' ) }}

{{ use( 'yii\\widgets\\Breadcrumbs' ) }}
{{ use( 'app\\assets\\AppAsset' ) }}
{{ use( 'yii\\grid\\ActionColumn' ) }}
{{ use( 'yii\\bootstrap\\BootstrapAsset' ) }}

{{ register_asset_bundle( 'app/assets/AppAsset' ) }} {# asset root for yii
advanced template #}
{{ register_asset_bundle( 'yii\\bootstrap\\BootstrapAsset' ) }}
    <!DOCTYPE html>
    <html lang=" {{ app.language }}" >
        <head>
            <meta charset=" {{ app.charset }}" >
            <meta name=" viewport" content=" width=device-width, initial-
scale=1" >
            <title>{{ html.encode(this.title) }}</title>
                <link rel=" stylesheet" href=" {{ path( '@web/media/jqwidgets/
styles/jqx.base.css' ) }}" type=" text/css" />


            {{ html.csrfMetaTags | raw }}
            {{ void(this.head) }}
        <link href=" {{ path( '@web/fonts/font-awesome-4.0.3/css/font-awesome.
min.css' ) }}" rel=" stylesheet" type=" text/css" />
        <link href=" {{ path( '@web/css/bootstrap.min.css' ) }}"
rel=" stylesheet" type=" text/css" />

            <link rel=" shortcut icon" href=" favicon.ico" />
<!-- jScrollPane -->
        <link href=" {{ path( '@web/css/jquery.mCustomScrollbar.css' ) }}"
```

```
rel=" stylesheet" type=" text/css" />
    <link href=" {{ path( '@web/css/fancybox/jquery.fancybox.css' ) }}"
rel=" stylesheet" type=" text/css" />
<link rel=" stylesheet" href=" {{ path( '@web/css/screen.css' ) }}" />
<link rel=" stylesheet" href=" {{ path( '@web/css/site.css' ) }}" />


<script src=" {{ path( '@web/js/jquery-1.10.1.min.js' ) }}" type=" text/
javascript" ></script>


<script type=" text/javascript" src=" {{ path( '@web/js/jquery.mousewheel.js' )
}}" ></script>
<script src=" {{ path( '@web/js/fancybox/jquery.fancybox.js' ) }}" type=" text/
javascript" ></script>
<script src=" {{ path( '@web/js/modernizr.custom.js' ) }}" type=" text/
javascript" ></script>


        {% block script_head %}

        {% endblock %}
    </head>
    <body>
<div class=" wrap" >
{% block sidebar %}
 <div class=" menu_block" >


    {{ nav_bar_begin({
        'brandLabel' : '示範站台',
    }) }}
```

```
{{ nav_widget({
    'options' : {
        'class' : 'cbp-fbscroller navbar-nav experience' ,
    },
    'items' : [
    {
        'label' : '首頁' ,
        'url' : path( '@web/' ),
        'class' : 'cbp-fbcurrent' ,
    },
    {
        'label' : '公司管理' ,
        'url' : path( '@web/firm-info' ),
    },
    {
        'label' : '統計報表範例' ,
        'url' : path( '@web/report' ),
        'class' : 'experience' ,
    },
    { 'label' : '登入' , 'url' :path( '@web/site/login' ),
'visible' :app.user.isGuest},
    { 'label' : 登出 ( '~app.user.identity.username~' ) ,
'url' :path( '@web/site/logout' ), 'visible' :not app.user.isGuest}
    ]
}) }}
{{ nav_bar_end() }}

<br>
<br>
<br>
```

```
<p class="copy">All right reserved 2016
    <span>Designed by <a href="#" target="_blank">Tintype</a></span>
</p>
<a class="tablet-close icon-menu"><i class="fa fa-align-justify"></i></a>
</div>

{% endblock %}
  <div class="main">
{% block main %}

{% endblock %}
  </div>
</div>
<footer class="footer">
  <div class="container">
      頁尾資訊              {# footer content #}
  </div>
</footer>


    </body>


    {#<script src="{{ path('@web/js/layout.js') }}" type="text/
javascript"></script>


    <!-- the jScrollPane script -->
    <script type="text/javascript" src="{{ path('@web/js/jquery.
mCustomScrollbar.concat.min.js') }}"></script>
    <script src="{{ path('@web/js/custom.js') }}" type="text/
javascript"></script> #}
{% block script_end %}
```

```
{% endblock %}
    </html>
```

此處要特別注意的是頁面有用到的 css 檔及 js 檔，都要放到相對應的位置，並更改路徑，這樣系統才抓得值。也就是這些檔案要放到 web 目錄下相應的次目錄中。如上所述，要用 {% block block_name %} 的語法，切出其他頁面要套用的位置，將一些其他的HTML 語法及 Yii 的設定都based.twig 檔來設定。當然一些公用的元件也可以在這個檔案中帶入。以下是檔案修改的比較：

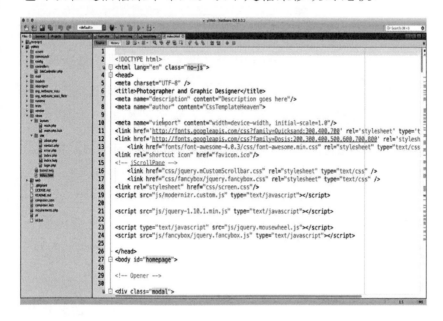

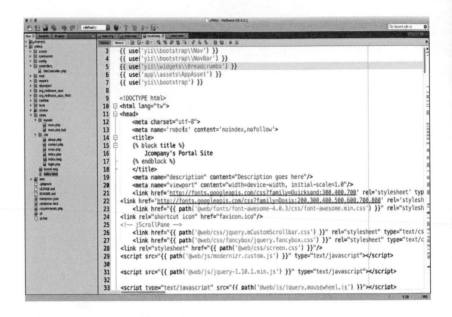

上一張圖是原來的 HTML 檔案，下圖則是修改後的
Twig 版型檔。請留意一但改成版型檔，就不能用瀏覽器或
是 HTML 編輯器來做檔案預覽了！修改的重點在於如何帶
入 Yii 架構的檔案、設定相關檔案如 CSS 檔及 JS 檔以及
如何切出要套用的區塊等等，請參考截圖。

　　Twig 畢竟還是一種樣版語言，自己有其獨特的語
法；而 Yii 架構的 views 基本上是允許 PHP　原先的用
法，也就是用 <? php　?>　來置入 PHP 程式碼，這個在
Twig 版型中是行不通的，所以以下幾個 Yii 架構的常用語

法，都要做些調整，才能讓兩者共存。首先是一些常用的
函數如：html、GridView、LinkPager等，都可以放到公用的
函數裡，這樣就可以直接帶入 twig 版型頁中使用。設定
的方式是在 conifg/web.php 檔案裡，加上想要使用的函數
對應，範例如下：

```
'twig' => [
        'class'     => 'yii\twig\ViewRenderer',
        'cachePath' => '@runtime/Twig/cache',
        // Array of twig options:
        'options'   => [
            'auto_reload' => true,
        ],
        'globals' => [ 'html' => '\yii\helpers\Html',
            'GridView'   => '\yii\grid\GridView',
            'DetailView' => 'yii\widgets\DetailView',
            'Pjax'       => 'yii\widgets\Pjax',
            'LinkPager'  => 'yii\widgets\LinkPager',
        ],
        'uses' => [ 'yii\bootstrap', 'yii\widgets\Breadcrumbs',
            'yii\grid\ActionColumn', '\yii\helpers\Url',
            '\dmstr\bootstrap\Tabs', 'yii\bootstrap\ActiveForm',
        ],
        'functions' => [
            't' => '\Yii::t',
        ],
    ]
```

　　此外因為已經使用 Twig 樣版了，所以在顯示頁面上的函數的叫用也要改成符合 twig 的語法，尤其是在 Yii view頁面上常用的陣列指定 => 符號，一定要做轉換，否則頁面無法正常顯示。為了讓使用者方便使用，以下是幾個在 Yii view 裡常用的函數，在此特別做了兩個不同樣版系統，同樣功能的程式碼對照以資參考。

(1) html.a 常用的連結語法：

```
// Yii 架構原始碼
<?= Html::a(Yii::t(‘app’, ‘Create Firm Info’), [‘create’], [‘class’ =>
‘btn btn-success’])

// twig 版型碼
html.a(
    t(”app’’, ‘Create Firm Info’),
    {‘create’},
    {‘class’ : btn btn-success’}
) |raw}}
```

(2) activeform

　　這個也是常被用到的元件，尤其是在使用者填入資料時，特別有用！以下為原先的程式碼以及更改後的程式

碼：

```
// Yii 架構原始碼
<?php $form = ActiveForm::begin([ 'id'  =>  'contact-form' ]); ?>
    <?= $form->field($model, 'name' ) ?>
    <?= $form->field($model, 'email' ) ?>
    <?= $form->field($model, 'subject' ) ?>
    <?= $form->field($model, 'body' )->textArea([ 'rows'  => 6]) ?>
    <?= $form->field($model, 'verifyCode' )->widget(Captcha::className(), [
        'template'  =>  '<div class=" row" ><div class=" col-lg-
3" >{image}</div><div class=" col-lg-6" >{input}</div></div>' ,
    ]) ?>
    <div class=" form-group" >
        <?= Html::submitButton( 'Submit' , [ 'class'  =>  'btn btn-primary' ,
'name'  =>  'contact-button' ]) ?>
    </div>
<?php ActiveForm::end(); ?>


// twig 版型碼

{% set form = active_form_begin({
    'action' : [ 'index' ],
    'method' : 'post'
}) %}


{{ form.field(model, 'id' ) }}
{{ form.field(model, 'name' ) }}
{{ form.field(model, 'owner_name' ) }}
{{ form.field(model, 'owner_avatar' ) }}
{{ form.field(model, 'description' ) }}
```

```
<div class="form-group">
    {{ html.submitButton('Search', {'class' : 'btn btn-primary'}) | raw }}
    {{ html.resetButton('Reset', {'class' : 'btn btn-primary'}) | raw }}
</div>

{{ active_form_end() }}
```

---

(3) breadcrumbs：

```
// Yii 架構原始碼

$this->params['breadcrumbs'][] = $this->title;

//twig版型碼

{{ set(this, 'params', {'breadcrumbs' : {'' : this.title } }) }}
```

由於 twig 版型語言很常用，因此有人直接將Yii 架構所產生的基本站台架構程式，改寫成 twig 的版型 (https://github.com/JackShadow/yii2-basic-twig)，只要下載後放到網頁伺服器的主目錄中，再以 composer update 的命令，就能佈建好基本的站台結構，相當方便。

最後還是要談談利用 twig 版型語言，在Yii 架構下

做前端介面開發的利弊。由於 Yii 架構本身沒有提供專屬
的版型語言，簡言之，其前端頁面仍是 HTML 與 PHP 程
式碼夾雜的狀況，如果再加上 jQuery 語法，就是三者並
存的狀態。對程式開發者而言，只要能達到使用者的功能
要求，這種狀態並非全然不好，反而有時也是一種便利。
因為如果是強調 MVC 架構，顯示的頁面不能直接呼叫後
端的函數，意即必須要事先處理好資料，或是透過 ajax
函數來做即時的資料處理。但是在 Yii 的環境下，可以直
接呼叫函數來處理，也可以結合其他的前端元件來使用，
所以，也算是系統優點之一。

　本書 twig 版型的製作，以上述的方式來撰寫，整
個應用系統都可以正常運作，但是在引入 jqWidgets 元
件時，反而發生了無法正常運行的狀況。反覆測試各種
可能之後，發現 Yii 架構的設計，頁面的呈現會以讀取
layouts/main.php 為起點，中間還會加上許多讀取先後
的限制，所以，如果要配合其他前端元件來使用時，例
如 jqWidgets 元件，還是回到 twig 版型的原始設計。簡
言之，回到 twig 的設計精神，設定一個主要的"基底"
版型，放棄 layouts/main.php 的設計，也就是在 main.

php 裡只做最簡單的設定， 然後所有的公用內容，都放在
based.twig 裡，尤其是前段所言的"切版"的部份，都要
放在這個檔案裡。

第八章 ActiveForm 元件的使用

　　表單（form）是網頁應用程式最常用的元件，不論是要求使用者填寫資料或是回應訊息，都會用到這個元件。此外，如果有使用後端資料庫系統時，更是與資料表溝通的橋樑！　如果是使用一般常用的表單元件，Yii 架構提供了 Html 元件，讓使用者仍然可以用傳統的方式來寫表單，不過針對後端資料庫系統的使用，Yii 架構則另外提供了兩個預設的套件，來幫助程式設計師解決後端資料庫與前台使用者互動的問題。第一個是 ActiveForm 元件協助表單畫面處理及資料驗證，也可結合 bootstrap 串接樣式表來使用。另一個元件 ActiveRecord 則是用來介接資料庫系統的物件映射類別（Object Related Mapping ORM），將會再下一章詳細討論。本章就 ActiveForm 的功能，用範例說明如何使用。　基本上，要使用 ActiveForm 就必須要有對應的模組（model），而所謂的模組是指對應後端資料庫的類別。在 Yii 預設基本網站樣版裡，有一個預寫好的網站登入功能，以下就用這個功能，改寫成在 twig 樣版語言下的功能，一一說明如何使用 ActiveForm 元件。

首先改寫原先的程式碼，以便能融入 Twig 樣版裡，檔名為 login.twig，程式如下：

```twig
{% extends "@app/views/based.twig" %}

{% block sidebar %}
{% endblock %}

{% block main %}

{{ set(this, 'title', '登入系統') }}
{{ set(this, 'params', { 'breadcrumbs' : { "" : this.title } }) }}

<div class="login-block">
    <h1>{{ this.title }}</h1>
    <br>
    <p>請填帳號及密碼:</p>
    {% set form = active_form_begin({
        'id' : 'login-form',
        'options' : {
            'enableClientValidation' : true,
            'class' : 'form-horizontal',
            'errorSummaryCssClass' : 'error-summary alert alert-error',
            'enctype' : 'multipart/form-data',
            'fieldConfig' : {
                'template' : "{label}\n<div class=\" col-lg-3\" >{input}</div>\n<div class=\" col-lg-8\" >{error}</div>",
                'labelOptions' : { 'class' : 'col-lg-1 control-label' }
            }
        },
```

```
    })
  %}
```

```
    {{ form.field(model,  'username' ).textInput({ 'maxlength' :
'16' , 'style' : width:150px' }) |raw }}
    {{ form.field(model,  'password' ).passwordInput({ 'maxlength' : 12' ,
'style' : width:150px' }) |raw }}
    {{ form.field(model,  'rememberMe' ).checkbox() |raw }}

        <div class=" form-group" >
            {{ html.submitButton(

          'Login' , {
              'id' : 'submitted' ,
              'name' : 'login-button' ,
              'class' : 'btn btn-primary' }

          ) | raw }}
        </div>

    {{ active_form_end() }}

    <div style=" color:#999;" >
        可以用 <strong>admin/admin</strong> 或 <strong>demo/demo</strong>
登入系統<br>
        如要更改帳號、密碼，請修改程式碼: <code>app\models\
User::$users</code>.
    </div>
</div>

{% endblock %}
```

第八章 Active Form 元件

其中的轉換語法，在上一章節裡已詳細說明，在此要進一步說明的是如何關閉左側邊欄的功能選單。因為 Twig 是套版，而且在主版裡我們已預先留有側邊欄的位置區塊 sidebar，所以在這裡只要放入空值：

```
{% block sidebar %}

{% endblock %}
```

功能列就不會顯示了。另外，因為這樣做，其他元素的位置都會改變，為了要能控制頁面上每個元素的位置，特地加上 site.css 檔，這樣只要在site.css 檔案裡定義元素或標籤要用的 css，就能精確地調整畫面的配置了。更改完成的畫面如下：

登入系統

請填帳號及密碼:

Username

Password

☑ Remember Me

登入

可以用 admin/admin 或 demo/demo登入系統
如要更改帳號、密碼，請修改程式碼: app\models\User::$users.

`2.0.6` PHP `7.0.0` Status `200` Route `site/login` Log `13` Time `210 ms` Memory `5.8 MB` Asset Bundles `7`

在畫面上除了欄位名稱外，其他元件的顯示都
可以改成中文，本書在最後也會談談如何開發多語系
的應用系統。那欄位名稱如何改成中文呢？其實也是
可以在 ActiveForm 裡來做轉換，但是更方便的做法
是在帶入的類別裡來設定，因此，接下來要說明如
何更改這些設定。首先要了解 ActiveForm 是如何運

作的，從上列的原始碼裡，可看到ActiveForm 的使
用可分成三個區塊，一個是表單啟始設定：set form
= active_form_begin，第二個是欄位指定：form.
field(model, 'username').textInput({ 'maxlength' :
'16' ,' style' :' width:150px' })，最後才是表單的結
尾：active_form_end()。啟始設定是用來指定要處理的程
式，如果沒指定，則會傳回原先的程式來處理。接著才是
欄位的指定，主要是指定要用何種 HTML 表單元件來接收
使用者的動作。ActiveForm 支援所有目前常用的 HTML 表
單元件。最後的結束就只有一行命令。

　　接下來則是看看如何傳入類別，打開 controllers/
SiteController.php 找到相應的處理函數 actionLogin()，會
看到如下的幾行命令：

```
$model = new LoginForm();
   if ($model->load(Yii::$app->request->post()) && $model->login()) {
   return $this->goBack();
   }
 return $this->render( 'login.twig' , [
     'model'   => $model,
]);
```

一般而言，ActiveForm 可以直接對應到 ActiveRecord 的類別，並不需要額外再設定一個表單類別，來處理畫面上的表單元件。但是這個預設的登入模組，並不是真的對應到後端資料庫，而是對應到一個模組類別：User.php，為了讓這個登入模組能更有彈性，因此，多加了一張 LoginForm.php 當做輸入欄位的檢查模組，當使用者填入帳號及密碼後，再呼叫驗證函數來比對 User.php 裡的資料。這個架構可套用在後端資料庫上，只要改寫 LoginForm.php 裡的比對函數，就可以介接到其他的後端資料庫上做比對了。本書會再後面的章節，講述如何擴充這個架構，變成一個多人多身份的系統。以下為 LoginForm.php 的程式碼：

```php
<?php

namespace app\models;

use Yii;
use yii\base\Model;

/**
 * LoginForm is the model behind the login form.
 */
class LoginForm extends Model
```

```
{
    public $username;
    public $password;
    public $rememberMe = true;

    private $_user = false;


    /**
     * @return array the validation rules.
     */
    public function rules()
    {
        return [
            // username and password are both required
            [[ 'username' , 'password' ], 'required' ],
            // rememberMe must be a boolean value
            [ 'rememberMe' , 'boolean' ],
            // password is validated by validatePassword()
            [ 'password' , 'validatePassword' ],
        ];
    }
    public function attributeLabels() {
        return [
            'username'   => Yii::t( 'app' , '帳號' ),
            'password'   => Yii::t( 'app' , '密碼' ),
            'rememberMe'   => Yii::t( 'app' , '記住我' ),
        ];
    }
    /**
     * Validates the password.
```

```
 * This method serves as the inline validation for password.
 *
 * @param string $attribute the attribute currently being validated
 * @param array $params the additional name-value pairs given in the rule
 */
public function validatePassword($attribute, $params)
{
    if (!$this->hasErrors()) {
        $user = $this->getUser();

        if (!$user || !$user->validatePassword($this->password)) {
            $this->addError($attribute, 'Incorrect username or password.' );
        }
    }
}


/**
 * Logs in a user using the provided username and password.
 * @return boolean whether the user is logged in successfully
 */
public function login()
{
    if ($this->validate()) {
        return Yii::$app->user->login($this->getUser(), $this->rememberMe ?
3600*24*30 : 0);
    }
    return false;
}


/**
 * Finds user by [[username]]
```

```
     *
     * @return User|null
     */
    public function getUser()
    {
       if ($this->_user === false) {
           $this->_user = User::findByUsername($this->username);
       }

       return $this->_user;
    }
}
```

因為沒有後端資料表，所以用定義公共變數的方式來提供畫面輸入的欄位，這種方式也可以混用在有使用資料庫的時候。在此定義了三個變數：username, password 以及 rememberMe 都是用來接收使用者的輸入值。此外，畫面上的表單元件，也可以加上一些限制，例如必須要填寫，或是特定格式等等，在這個類別裡，是用 rules 這支公用函數來指定，例如指定為必須填寫的欄位：

[['username', 'password'], 'required'],

另一個函數 attributeLabels 則是用來在畫面上標示欄位名稱，一般若沒特別對每一個欄位做設定，就會以變數名稱或欄位名稱來顯示。經過轉換後，就會成為如下

的畫面：

　　至於整個登入查驗的過程如下，收到使用者的輸入值後，會先做每個值的驗證：$this->validate()，除了必要欄位的限制外，密碼的驗證也寫在 rule函數裡。所有表單欄位都符合設定的規則後，才會呼叫$this->getUser()函數做最後確認，如果都正確就將結果記到系統變數中，這樣使用者就不用重複做登入的動作。getUser 這個函數就會呼

叫另一個類別 User.php 裡的功能，來做使用者身驗證，
以下是 User.php 的內容：

```php
<?php

namespace app\models;

class User extends \yii\base\Object implements \yii\web\IdentityInterface
{
    public $id;
    public $username;
    public $password;
    public $authKey;
    public $accessToken;

    private static $users = [
        '100' => [
            'id' => '100',
            'username' => 'admin',
            'password' => 'admin',
            'authKey' => 'test100key',
            'accessToken' => '100-token',
        ],
        '101' => [
            'id' => '101',
            'username' => 'demo',
            'password' => 'demo',
            'authKey' => 'test101key',
            'accessToken' => '101-token',
        ],
```

```
];

/**
 * @inheritdoc
 */
public static function findIdentity($id)
{
    return isset(self::$users[$id]) ? new static(self::$users[$id]) : null;
}

/**
 * @inheritdoc
 */
public static function findIdentityByAccessToken($token, $type = null)
{
    foreach (self::$users as $user) {
        if ($user[ 'accessToken' ] === $token) {
            return new static($user);
        }
    }

    return null;
}

/**
 * Finds user by username
 *
 * @param  string      $username
 * @return static|null
 */
public static function findByUsername($username)
```

```php
{
    foreach (self::$users as $user) {
        if (strcasecmp($user[ 'username' ], $username) === 0) {
            return new static($user);
        }
    }

    return null;
}

/**
 * @inheritdoc
 */
public function getId()
{
    return $this->id;
}

/**
 * @inheritdoc
 */
public function getAuthKey()
{
    return $this->authKey;
}

/**
 * @inheritdoc
 */
public function validateAuthKey($authKey)
{
```

```
        return $this->authKey === $authKey;
    }

    /**
     * Validates password
     *
     * @param  string  $password password to validate
     * @return boolean if password provided is valid for current user
     */
    public function validatePassword($password)
    {
        return $this->password === $password;
    }
}
```

　　這是一個模仿資料庫表格的類別，使用者的資訊訊放
在靜態變數 $users 裡，所以如果系統不是很複雜，也不
會太多身份的使用者，這個模組就相當夠用了。這個類別
裡的findByUsername 函數，會回傳已存在且名稱正確的使
用者資料。當使用者登入系統後，首頁左側的選單也必須
做調整，當使用者已登入系統，除了要顯示登入者的資訊
外，還要提供"登出"功能，來讓使用者可以登出系統。
如果是還沒有登入，則必須提供"登入"的項目連結。因
為左側的功能列會用在所有的頁面，因此將這個功能列放
在 based.twig 基礎檔案中。修改的方式則是利用系統原有

的檢查功能: $app->user->isGuest(), 確認使用者是否已
登入系統, 再給予不同的連結。但是因為已轉為 twig 樣
版, 所以命令也要改成:

{ 'label' : 登入' , 'url' :path('@web/site/login'), 'visible' :app.user.
isGuest},
{ 'label' : 登出 ('~app.user.identity.username~') , 'url' :path('@web/
site/logout'), 'visible' :not app.user.isGuest}

　　不同的樣版語言, 會有不同的使用方式, 在要特別留
意如何帶入 Yii 常用到的函數。根據網路的說明文件, 在
twig 樣版中app 的功能同於 \Yii::$app, 如果要存取目前
view 裡的物件, 則可使用 this.當做存取指標。以下是更
改後, 使用者已登入的首頁畫面, 連結已改為登出以及使
用者資訊:

第八章 Active Form 元件

第九章 ActiveRecord 元件的用法

　　資料庫系統的建置及操作，一直都是資訊系統中重
要的工作。關聯式資料庫系統(RDBMS)的出現，也已超過
40年，其間不但培育了各式各樣的商用系統，也為了解決
各式各樣的問題，各種不同的資料庫系統也應運而生。這
些不同的性質的資料庫系統，也隨著其獨特的資料處理能
力，而有了各個系統 特有的操作命令。為了解決跨資料
庫間資料的查詢、交換等問題，於是有了標準的查詢命令
(SQL)，使用者只要用這些標準的命令，就可以在不同的
資料庫系統裡，完成資料的增刪。但是 SQL 命令只是專
注於資料的處理，對於不同的資料庫系統，仍要藉助於專
屬的應用程式介面(API)，方能與資料庫溝通。隨著物件導
向的風潮，於是有了將這些常用的功能，封裝到類別並再
配合上一些常用的屬性，於是有了物件關係映射（Object
Relational Mapping : ORM） 的出現。ORM是一種技巧，將
應用程式中複雜的物件，對應到關聯式資料庫管理系統中
的資料表。使用 ORM，可以輕鬆儲存物件的特性與關係，
讀取資料時也不需要撰寫 SQL 語句，總體上減少了與資料
庫存取有關的程式碼。隨著資訊科技的發展，ORM 也趁著
近年來流行的程式快速開發架構如 RoR, Django 的推升，

逐漸讓大家見識到使用 ORM 的好處。

　　ActiveRecord 最初是由 Ruby on Rail (RoR) 快速開發架構所發展出來的 ORM，因此在一些命名規則上，仍舊承襲 RoR 的法則，這是初次使用 ActiveRecord 的程式開發人員，要花點時間去了解的地方。另外，因為ORM 所強調的就是對應到資料庫系統的基本操作，因此常用到的資料庫功能如 Create, Read, Update and Delete, 分別是新增、讀取、更新與刪除，簡稱為CRUD，就可以直接由 ORM 來完成，不用再另外寫處理程式了。在本書前面資料庫設置的章節，特別介紹了 Yii 內建的 gii 自動程式產生器元件時，也看到了 CRUD generater 這個項目，亦即gii 除了可以根據資料庫表格，建立相應的類別模組 (model) 外，也可以產生CRUD 程式碼。以下就以 firm_info 這張資料表，說明 ActiveRecord 的運作方式。

　　首先是命名規則，由於如果使用 gii 程式產生器，系統會自動使用駝峰字原則，亦即會將表格名稱由複合字命名或是以底線(_)分開的字組合的，會自動轉成首字大寫的駝峰字，如在本範例所使用的表格名稱為 firm_info，就會自動轉成 FirmInfo 的類別模組，而且系統預設的

模組目錄為 models。其他相關的 CRUD 程式碼則會放到 controllers 裡，而且命名原則一樣是使用駝峰字。不過，在 views 目錄下相應次目錄的命名原則有點不一樣，程式開發人員要注意，此處會跟系統有關，依照筆者所建立工作環境觀察，在 OSX 環境下，可以使用駝峰字，但在 CentOS 下，則會找不到路徑。最好的方式就是統一用短線(-)隔開，以本例而言，controller 的名稱為 FirmInfoController.php，但是 views 目錄裡的相應次目錄名稱則為 firm-info。

接著根據 Yii 架構的線上說明文件，說明如何使用 ActiveRecord 類別模組。首先是類別的宣告，除了先指定名稱空間 (namespace) 外，還要指定連結的資料庫表格名稱。至於與資料庫連結的設定，則是寫在 config/db.php 檔案裡，這個檔案記載了與資料庫系統連結時，所需的連結資訊。ActiveRecord 目前支援的資料庫系統有：MySQL, PostgreSQL, SQLite, Microsoft SQL Server, Oracle, CUBRID, ElasticSearch, Sphinx 等，另外，它也支援 Redis 及 MongoDB 這類新型的 NoSQL 資料庫系統。以下是類別模組宣告範例：

```
namespace app\models;
use yii\db\ActiveRecord;
class Customer extends ActiveRecord
{
    const STATUS_INACTIVE = 0;
    const STATUS_ACTIVE = 1;
    /**
     * @return string the name of the table associated with this ActiveRecord
class.
     */
    public static function tableName()
    {
        return  'customer' ;
    }
}
```

接下來還會使用到兩個函數 rules() 及
attributeLabels()。兩個函數的用法，已在上一個章節裡
說明了。如果是使用 gii 來產生 CRUD 程式碼，就會在
views 目錄下建立相應的目錄，並且會產生如下的檔案：

_form.php

_search.php

create.php

index.php

update.php

view.php

這些檔案所對應的就是上述的CRUD 功能！同樣地，這些檔案也要修改成 twig 版型頁，才能套用到框架中。此外， Yii 架構也用了一個預設的網格(grid)元件，用來以表格化的方式顯示內容。這個 grid 元件也包含了一般常會用的表格功能，諸如排序、修改、查詢等功能。本書在下一章節會再引進另一個廣為使用的網格元件 jqxgrid ，其功能更多元，而且因為是用 java script 寫成，所以也可以在其他快速開發架構下來使用。接下來以新增的流程來說明 ActiveRecord 是如何運作的。當使用者填完必填的欄位後，按下送出按鈕，流程就會轉回 controller 中，因為所有的欄位驗證都已由前端做完，在此只要做儲存的動作即可，程式碼如下：

```php
if ($model->load(Yii::$app->request->post()) && $model->save()) {
    return $this->redirect(['view', 'id' => $model->FIRM_ID]);
} else {
    return $this->render('create', [
        'model' => $model,
    ]);
}
```

由此可見當使用 ORM來處理資料庫操作時，會讓
程式碼變得簡單，上述的程式只做儲存及轉到顯示的畫
面。當使用者想做資料查詢時，除了可用原先的SQL 命令
外，ActiveRecord 另外提供了一組相應的函數，來幫助使
用者做資料的存取。為了讓使用者對 ActiveRecord 有一
個概廓性的了解，在說明文件上特別舉了以下幾個查詢的
例子，並且列出同樣查詢條件的 SQL 語法，讓使用者可以
掌握語法上的差異。

SQL 語法	AR 語法	查詢結果
SELECT * FROM 'customer' WHERE 'id' = 123	$customer = Customer::find() ->where(['id' => 123]) ->one();	return a single customer whose ID is 123

SELECT * FROM 'customer' WHERE 'status' = 1 ORDER BY 'id'	$customers = Customer::find() ->where(['status' => Customer::STATUS_ ACTIVE]) ->orderBy('id') ->all();	return all active customers and order them by their IDs
SELECT COUNT(*) FROM 'customer' WHERE 'status' = 1	$count = Customer::find() ->where(['status' => Customer::STATUS_ ACTIVE]) ->count();	return the number of active customers
SELECT * FROM 'customer'	$customers = Customer::find() ->indexBy('id') ->all();	return all customers in an array indexed by customer IDs

　　基本上AR 完全支援 SQL 命令，而且也有其獨樹一格的語法，茲將常用的 SQL 命令功能以及資料庫操作功能，與相應的 AR 語法範例，做一張對照表，方便使用者查閱及使用。

功能	AR 語法範例

find()	$model = User::find(1);
	if($model){
	   echo $model->username;
	   echo $model->status;
	}

select()	$model = User::find() ->select('column1, column2') ->all();
all()	$model = User::find()->all();
one()	$model = User::find()->one();

where()	**Sample 1:**
	$userid=1; $model = User::find() ->where('userid > :userid' , [':userid' => $userid]) ->one();
	Sample 2:
	$model = User::find() ->where(['reg_date' => $date, 'status' => 1]) ->one();
	Sample 3:
	$model = User::find() ->where('reg_date' => '2014-01-01' and status=1") ->all();
	Sample 4:
	$model = User::find() ->where('userid > :userid' , [':userid' => $userid]) ->orWhere('primary_user = :primary_user' , [':primary_user' => $primary_user]) ->andWhere('status = :status' , [':status' => $status]) ->all();
	OUTPUT Query
	SELECT * FROM 'tbl_user' WHERE ((userid > 1) OR (primary_user = 1)) AND (status = 1)

orderBy()	**Sample 1:** $model = User::find() ->where(['status' => 1]) ->orderBy('userid') ->all(); **Sample 2:** $model = User::find() ->where(['status' => 0]) ->orderBy('userid') ->one(); **Sample 3:** $model = User::find() ->orderBy(['usertype' =>SORT_ASC, 'username' => SORT_DESC,]) ->limit(10) ->all(); **OUTPUT Query** SELECT * FROM 'tbl_user' ORDER BY 'usertype', 'username' DESC LIMIT 10
count()	$model = User::find() ->where(['status' => 0]) ->orderBy('userid') ->count();
asArray()	$model = User::find() ->asArray() ->all(); $model = User::find() ->asArray() ->one();
indexBy()	$model = User::find() ->indexBy('id') ->one();

limit()	**Sample 1:** $model = User::find() ->limit(10) ->all(); **Sample 2:** $model = User::find() ->where('userid' > 1) ->limit(2) ->all();
offset()	$model = User::find() ->limit(5) ->offset(10) ->all(); **OUTPUT Query** SELECT * FROM 'tbl_user' LIMIT 5 OFFSET 10

Limit With Pagination	`$query = Country::find();`
	`$pagination = new Pagination([`
	`  'defaultPageSize' => 5, 'totalCount'`
	`=> $query->count(),`
	`]);`
	`$countries = $query->orderBy('name')`
	` ->offset($pagination->offset)`
	`  ->limit($pagination->limit)`
	`  ->all();`

LIKE Condition	**Sample 1:** $model = User::find() 　->where(['LIKE' , 'username' , 　'admin']) 　->all(); //OR $model = User::find() 　->where('username LIKE :query') 　->addParams([':query' => ' %admin%']) 　->all(); **Sample 2:** $model = User::find() 　->where(['NOT LIKE' , 'username' , 　'admin']) 　->all(); **OUTPUT Query** SELECT * FROM 'tbl_user' WHERE 'username' LIKE '%admin%' SELECT * FROM 'tbl_user' WHERE 'username' NOT LIKE '%admin%'

In Condition	**Sample 1:**

	$model = User::find()
	  ->where([
	  'userid' =>
	[1001,1002,1003,1004,1005],
	])
	  ->all();

	Sample 2:

	$model = User::find()
	  ->where(['IN' , 'userid' ,
	[1001,1002,1003,1004,1005]])
	  ->all();

	OUTPUT Query
	SELECT * FROM 'tbl_user' WHERE 'userid' IN (1001, 1002, 1003, 1004, 1005)
	Sample 3:

	$model = User::find()
	  ->where(['NOT IN' , 'userid' ,
	[1001,1002,1003,1004,1005]])
	  ->all();

	OUTPUT Query
	SELECT * FROM 'tbl_user' WHERE 'userid' NOT IN (1001, 1002, 1003, 1004, 1005)

between()	**Sample 1:**
	
	$model = User::find()
	  ->select('username')
	  ->asArray()
	  ->where('userid between 1 and 5')
	  ->all();
	
	OUTPUT Query
	
	SELECT 'username' FROM 'tbl_user'
	WHERE userid between 1 and 5

groupBy()	$model = User::find()
	  ->groupBy('usertype')
	  ->all();
	
	OUTPUT Query
	
	SELECT * FROM 'tbl_user' GROUP BY
	'usertype'

having()	$states=1; $model = User::find() ->groupBy('usertypee') ->having('states >:states') ->addParams([':states' =>$states]) ->all(); **OUTPUT Query** SELECT * FROM 'tbl_user' GROUP BY 'usertypee' HAVING states >1

addParams()	**Sample 1:**
	$usertype=1; $model = User::find() ->where('usertype = :usertype') ->addParams([':usertype' => $usertype]) ->one();
	Sample 2:
	$usertype=1; $status=0; $model = User::find() ->where('usertype = :usertype and status=:status') ->addParams([':usertype' => $usertype]) ->addParams([':status' => $status]) // OR Multiple Assigns // ->addParams([':usertype' => $usertype,' :status' => $status]) ->one();

Multiple Conditions	**Sample 1:** $model = User::find() 　->where([　'type' => 26, 'status' => 1, 'userid' => [1001,1002,1003,1004,1005],]) 　->all(); **OUTPUT Query** SELECT * FROM 'tbl_user' WHERE ('type'=26) AND ('status'=1) AND ('userid' IN (1001, 1002, 1003, 1004, 1005))
findBySql	**Sample 1:** $sql = 'SELECT * FROM tbl_user' ; $model = User::findBySql($sql) 　->all(); **Sample 2:** $sql = 'SELECT * FROM tbl_user' ; $model = User::findBySql($sql) 　->one();

| Retrieving Data in Batches | **// fetch 10 customers at a time**

foreach (Customer::find()->batch(10) as $customers) {
   // $customers is an array of 10 or fewer Customer objects
}
   // fetch 10 customers at a time and iterate them one by one
foreach (Customer::find()->each(10) as $customer) {
   // $customer is a Customer object
}
   // batch query with eager loading
foreach (Customer::find()->with('orders')->each() as $customer)
{
   // $customer is a Customer object
} |

Saving Data	**// insert a new row of data** $customer = new Customer(); $customer->name = 'James'; $customer->email = 'james@example.com'; $customer->save(); // update an existing row of data $customer = Customer::findOne(123); $customer->email = 'james@newexample.com'; $customer->save();
Updating Multiple Rows	**// UPDATE `customer` SET `status` = 1 WHERE `email` LIKE `%@example.com%`** Customer::updateAll(['status' => Customer::STATUS_ACTIVE] , ['like', 'email', '@example.com']);
Deleting Data	**Sample 1** $customer = Customer::findOne(123); $customer->delete(); **Sample 2** Customer::deleteAll(['status' => Customer::STATUS_INACTIVE]);

第十章 JqxGrid 表格元件的功能實作

　　表格元件被大量使用在資料內容的呈現上，主要原因應是日常應用裡，表格是大家最常填寫的"物件"，無形中大家就習慣用表格來做資料顯示以及內容的輸入。Yii 架構已內建了一套表格元件：GridView，在本書第七章談及利用 gii 程式碼產生器時，就看到了 GridView 的身影。雖然這套表格元件功能也不少，再搭上 Bootstrap CSS，也能完成許多實用的互動功能。但是以前端而言，還是以 javascript 所寫成的元件，會有更大的發揮空間，尤其是在不同系統或不同的開發架構下，用 javascript 寫成的元件，就有很高的可移植性。像是以下所要介紹及實作的 jqxGrid 元件，就可用於不同的開發架構！但是近年來，由於前端介面的需求與日俱增，因此這類的表格元件，為因應不同的需求，各式各樣的元件，就如雨後春筍般出現在網路的世界裡。程式開發者可因自己所使用的開發環境及架構，決定使用何種表格元件。

　　jqxGrid 元件(http://www.jqwidgets.com)，是眾多新興的前端介面架構中，大家常用的系統之一。這個架構的主要功能，就是將網頁上常用的元件，用 jQuery 函式重

構，因此在使用上可視為 jQuery 擴充元件來使用。由於
使用人眾多，所以網頁常見的一些功能，大都已被收錄
在這個架構中。簡言之，jqwidgets 是一個眾多功能的集
合，而 jqxGrid 只是其中的一個表格子功能。在官方網站
上，有針對每個功能，做完整的展示以及範例。

　　以下就以企業資訊的頁面製作，說明如何加上
jqxGrid 元件。首先是將jqxgrid 帶入 Yii 架構，有兩種
方式可達成目的。其一是依照一般使用 jQuery 元件的方
式，從官方網站下載最新的函式，然後再將會用到的元
件，在檔案表頭裡帶入，範例如下：

```
<link rel="stylesheet" href="{{ path( '@web/media/jqwidgets/styles/jqx.base.
css' ) }}" type="text/css" />
<link rel="stylesheet" href="{{ path( '@web/media/jqwidgets/styles/jqx.classic.
css' ) }}" type="text/css" />
<script type="text/javascript" src="{{ path( '@web/media/js/jquery-1.11.1.min.
js' ) }}" ></script>
    <script type="text/javascript" src="{{ path( '@web/media/jqwidgets/
jqxcore.js' ) }}" ></script>
    <script type="text/javascript" src="{{ path( '@web/media/jqwidgets/
jqxdata.js' ) }}" ></script>
    <script type="text/javascript" src="{{ path( '@web/media/jqwidgets/
jqxbuttons.js' ) }}" ></script>
    <script type="text/javascript" src="{{ path( '@web/media/jqwidgets/
jqxscrollbar.js' ) }}" ></script>
```

```
    <script type=" text/javascript" src=" {{ path( '@web/media/jqwidgets/
jqxlistbox.js' ) }}" ></script>
    <script type=" text/javascript" src=" {{ path( '@web/media/jqwidgets/
jqxdropdownlist.js' ) }}" ></script>
    <script type=" text/javascript" src=" {{ path( '@web/media/jqwidgets/
jqxmenu.js' ) }}" ></script>
    <script type=" text/javascript" src=" {{ path( '@web/media/jqwidgets/
jqxgrid.js' ) }}" ></script>
    <script type=" text/javascript" src=" {{ path( '@web/media/jqwidgets/
jqxgrid.pager.js' ) }}" ></script>
    <script type=" text/javascript" src=" {{ path( '@web/media/jqwidgets/
jqxgrid.sort.js' ) }}" ></script>
    <script type=" text/javascript" src=" {{ path( '@web/media/jqwidgets/
jqxgrid.filter.js' ) }}" ></script>
    <script type=" text/javascript" src=" {{ path( '@web/media/jqwidgets/
jqxgrid.columnsresize.js' ) }}" ></script>
    <script type=" text/javascript" src=" {{ path( '@web/media/jqwidgets/
jqxgrid.selection.js' ) }}" ></script>
    <script type=" text/javascript" src=" {{ path( '@web/media/jqwidgets/
jqxpanel.js' ) }}" ></script>
    <script type=" text/javascript" src=" {{ path( '@web/media/jqwidgets/
jqxgrid.export.js' ) }}" ></script>
    <script type=" text/javascript" src=" {{ path( '@web/media/jqwidgets/
jqxwindow.js' ) }}" ></script>
    <script type=" text/javascript" src=" {{ path( '@web/media/js/widgets/
gettheme.js' ) }}" ></script>
```

　　此處要注意的就是下載程式放置的位置，本例是將相
關程式放在 web/media 以及web/media/js 目錄裡，而且目

錄名稱仍舊用原名稱 widgets。另一個做法則是利用他人
已打包好的方式，引入 Yii 架構中，當成 Yii 架構下的元
件來使用。首先用 composer 命令，將套件帶入 Yii 架構
中。做法如下：

(1) 修改設定檔：

修改 composer.json 檔案，加入以下的設定值：

```
"require" : {
  ...
    "sansusan/yii2-jqwidgets-asset" : "dev-master"
  ...
}
```

(2) 更新命令：

以下命令會抓回套件相關的檔案，並放到 vendor
目錄裡。

composer update

此外，同樣地也要在要使用之前，載入系統裡。通
常會將載入的動作寫在 layouts/main.php 檔案裡，語法如
下：

…
app\assets\PosBeginJqwidgetsAsset::register($this, ['theme' => 'energyblue'],
[

'jqxcore' ,
'jqxdata' ,
'jqxbuttons' ,
'jqxscrollbar' ,
'jqxcheckbox' ,
'jqxlistbox' ,
'jqxdropdownlist' ,
'jqxmenu' ,
'jqxgrid' ,
'jqxgrid.sort' ,
'jqxgrid.pager' ,
'jqxgrid.filter' ,
'jqxgrid.columnsresize' ,
'jqxgrid.selection' ,
'jqxpanel' ,
'jqxwindow' ,
'jqxtabs' ,
'jqxgrid.export' ,
'jqxdata.export'
]);
…

　　以上是利用 Yii 架構的命令，將要用的功能載入，因為是放在 main.php 中，所以任何的頁面，都可使用這些元件功能。接下來解釋如何使用 jqxgrid元件，以下是一

個常見的用法，亦即在頁面上放置一個表格元件，除了顯示指定的欄位值外，在表格的最後一欄放上處理功能，例如"編輯"或"刪除"等功能。程式碼如下：

```
{% block main %}
<div id=' jqxWidget' >
        <div class=" btncss" ><span class=" glyphicon glyphicon-plus" ></span> <a href=" {{ path( '@web/firm-info/create' ) }}" value=" 新增新增企業" >新增新增企業</a></div>
        <div id=" jqxgrid" ></div>
 </div>
{% endblock %}
{% block script_end %}
<script>
    $(function () {
        var theme = 'energyblue' ;
        var source =
            {
                datatype: "json" ,
                datafields: [
                    {name: 'F_NAME' , type: 'string' },
                    {name: 'F_TYPE' , type: 'string' },
                    {name: 'REF_F_ID' , type: 'string' },
                    {name: 'RECOM_FLAG' , type: 'string' },
                    {name: 'PRINT_FLAG' , type: 'string' },
                    {name: 'STATUS' , type: 'string' },
                    {name: 'FIRM_ID' , type: 'string' }
                ],
                cache: false,
```

```
        url: "{{ path( '@web/firm-info/griddata-service/' ) }}" ,
        root: 'Rows' ,
        beforeprocessing: function (data) {
            if (data[0]) {
                source.totalrecords = data[0].TotalRows;
            }
        }
    };
    var dataAdapter = new jQuery.jqx.dataAdapter(source, {formatData:
function (data) {
        data.searchField = 'F_NAME' ;
        data.searchString = $( "#searchterm" ).val();
        return data;
    }});
    var status;

    var andlinkrenderer = function (row, column, value) {
        status = value;
    };

    //功能列功能一覧
    var linkrenderer = function (row, column, value) {

        var html = '<div class=" btncss juiker-jqxGrid-toolbar" >' ;
        //alert(row+ '||' +column+ '||' +value);
        var editurl = '<?= Url::to( '@web/firm-info/update' ) ?>' +
'?FIRM_ID=' + value;
        html = html + "<a href=' " + editurl + "' ><span
class=' glyphicon glyphicon-edit' data-toggle=' tooltip' title=' {{ t( 'app' ,
'編輯' ) }}' ><span></a>" ;
        html = html + "</div>" ;
```

```
        return html;
    };


    var columnsrenderer = function (value) {
        return '<div class=" juiker-jqGrid-header" >' + value + '</
div>' ;
    };



    var selectText = function (element) {
        var doc = element.ownerDocument, selection, range;
        if (doc.body.createTextRange) { // ms
            range = doc.body.createTextRange();
            range.moveToElementText(element);
            range.select();
        } else if (window.getSelection) {
            selection = window.getSelection();
            if (selection.setBaseAndExtent) { // webkit
                selection.setBaseAndExtent(element, 0, element, 1);
            } else { // moz, opera
                range = doc.createRange();
                range.selectNodeContents(element);
                selection.removeAllRanges();
                selection.addRange(range);
            }
        }
    };
    // prepare jqxChart settings
    var getLocalization = function () {
        var localizationobj = {};
        localizationobj.pagergotopagestring = "前往" ;
```

```
            localizationobj.pagershowrowsstring = "顯示";
            localizationobj.pagerrangestring = "總計";
            return localizationobj;
        }

// initialize jqxGrid
$("#jqxgrid").jqxGrid(
        {
            width: "100%",
            source: dataAdapter,
            theme: theme,
            autoheight: true,
            //columnsresize: true,
            altrows: true,
            pageable: true,
            sortable: true,
            autorowheight: true,
            enablebrowserselection: true,
            localization: getLocalization(),
            showtoolbar: true,
            rendertoolbar: function (toolbar) {
                var me = this;
                var container = $("<div style='margin: 5px;'></div>");
                var span = $("<span style='float: left; margin-top: 5px;
margin-right: 4px;'>企業名稱：</span>");
                var input = $("<input class='jqx-input jqx-widget-content
jqx-rc-all' id='searchterm' type='text' style='height: 23px; float: left;
width: 223px;'/>");
                toolbar.append(container);
                container.append(span);
                container.append(input);
```

```
if (theme !==  ""  ) {
    input.addClass(  'jqx-widget-content-'  + theme);
    input.addClass(  'jqx-rc-all-'  + theme);
}
input.bind(  'keydown'  , function (event) {
    if (input.val().length >= 1) {
        if (me.timer)
            clearTimeout(me.timer);
        me.timer = setTimeout(function () {
            dataAdapter.dataBind();
        }, 300);
    }
});
$(  '[data-toggle="  tooltip"  ]'  ).tooltip();
},
columns: [
    {text:  '{{ t(  'app'  ,  '企業名稱'  ) }}'  ,
columntype:  'textbox'  , width:  '25%'  , datafield:  'F_NAME'  ,renderer:
columnsrenderer},
    {text:  '{{ t(  'app'  ,  '群首企業'  ) }}'  ,
columntype:  'textbox'  , width:  '25%'  , datafield:  'REF_F_ID'  ,renderer:
columnsrenderer},
    {text:  '{{ t(  'app'  ,  '申請類型'  ) }}'  ,
columntype:  'textbox'  , width:  '14%'  , datafield:  'F_TYPE'  ,renderer:
columnsrenderer},
    {text:  '{{t(  'app'  ,  '可推薦'  ) }}'  , columntype:
 'textbox'  , width:  '8%'  , datafield:  'RECOM_FLAG'  ,renderer:
columnsrenderer},
    {text:  '{{ t(  'app'  ,  '允許列印'  ) }}'  ,
columntype:  'textbox'  , width:  '8%'  , datafield:  'PRINT_FLAG'  ,renderer:
columnsrenderer},
```

```
                    {text: '{{ t('app', '啟用MVPN') }}',
columntype: 'textbox', width: '10%', datafield: 'STATUS' ,renderer:
columnsrenderer},
                    {text: '{{ t('app', '操作選項') }}',
datafield: 'FIRM_ID', width: '10%', cellsrenderer: linkrenderer,renderer:
columnsrenderer}
                    ]

            });
    });
</script>
{% endblock %}
```

以下分幾個部份說明如何使用這個元件。

(1)本體宣告

要使用表格元件，在本體宣告的部份，要使用標籤 (tag)來指定位置，用法上與一般的 HTML 頁面設計無異，本範例因配合 Twig 版面，因此將程式碼放在 main 區塊中，並以 <div id="jqxgrid"></div> 來指定位置。由於 jqxGrid 本身即有既定的主題 (theme)，因此在版面配置及設計上，最好一併考慮，否則就要自行動手修改 CSS 樣式了。

(2)資料要求

　　jqxGrid 利用 ajax 的方式，來讀取後端資料，一般
而言，並不一定要從資料庫的表格來讀取，也可利用檔
案或是陣列來傳送資料。為配合前章節的 ActiveRecord
元件，本範例仍以讀取 MySQL 資料庫系統上的表格來
做說明。上列的原始碼裡，可看出所有的程式碼都寫
在$(function () {} 裡，這是因為jqxGrid 元件是建立在
jQuery 函式館之上的，所以必須要用 jQuery的語法來撰
寫程式。要取得資料就必須定義資料來源(source)以及如
何介接(dataAdapter)，資料來源可以有很多種寫法，本
例是用 ajax 的方式來讀取資料，因此在這個變數裡，
要定義對應的表格欄位(datafields)，以及後端處理函式
(url)。除了上述兩項重要參數之外，還有其他的參數可用
來與資料來源溝通，在官方的說明文件裡，有針對每一
項參數的定義及用途，做詳細的說明。至於介接的變數
(dataAdapter)，則可視為參數傳遞的橋樑，例如：data.
searchField ＝ 'F_NAME'；就會將參數名：searchField
傳給處理函式。這個功能很重要，因為有時要即時回應使
用者的輸入，用這個方式就可以將輸入值傳到後端處理函
式，並根據輸入值回傳相應的結果。

至於後端的 ajax 處理函式，每個語言都有其特殊的寫法，Yii 架構下也是一樣有其既定的寫法，以下是本範例的程式碼：

```php
public function actionGriddataService() {
    $data = [];
    if (\Yii::$app->request->isAjax) {
        if (isset($_GET['searchString'])) {
            //using filtering
            //        $searchField=$_GET['name_startsWith'];
            $isp = FirmInfo::find()
                    ->where(['LIKE', 'F_NAME', $_
GET['searchString']])
                    ->all();
        } else {
            $isp = FirmInfo::find()
                    ->orderBy(['FIRM_ID' => SORT_DESC])
                    ->all();
        }
        // deal with the data  F_NAME, F_TYPE, REF_F_ID, EMAIL_
DOMAIN, RECOM_FLAG, PRINT_FLAG
        foreach ($isp as $row) {
            //got the related firm's name
            $tmpAr = [];
            $fcode = $row->REF_F_ID;
            $RetFirm = FirmInfo::findOne(['FIRM_ID' => $fcode]);
            $tmpAr['F_NAME'] = $row->F_NAME;
            switch ($row->F_TYPE) {
                case 1:
```

```
            $typeName = '一般型';
            break;
        case 2:
            $typeName = '員工型';
            break;
        case 3:
            $typeName = 'E-mail 驗證型';
            break;
    }
    $tmpAr['F_TYPE'] = $typeName;
    $tmpAr['REF_F_ID'] = $RetFirm ? $RetFirm->F_NAME :
'';
    $tmpAr['EMAIL_DOMAIN'] = $row->EMAIL_DOMAIN;
    if ($row->RECOM_FLAG)
        $tmpAr['RECOM_FLAG'] = '是';
    else {
        $tmpAr['RECOM_FLAG'] = '否';
    }
    if ($row->PRINT_FLAG) {
        $tmpAr['PRINT_FLAG'] = '是';
    } else {
        $tmpAr['PRINT_FLAG'] = '否';
    }
    $tmpAr['FIRM_ID'] = $row->FIRM_ID;
    if ($row->STATUS) {
        $tmpAr['STATUS'] = '啟用';
    } else {
        $tmpAr['STATUS'] = '停用';
    }
    array_push($data, $tmpAr);
}
```

```
    $response = \Yii::$app->response;
    $response->format = \yii\web\Response::FORMAT_JSON;
    $response->data = $data;
    return $response;
  } else {
    return [];
  }
}
```

　　首先是函式名稱：actionGriddataService()，除了以 action 開頭外，還要注意駝峰字的用法，這是 Yii 架構下函式的命名規則。另外就是 ajax 呼叫的檢查：if (\Yii::$app->request->isAjax) 以及回傳值的設定方式：

```
    $response = \Yii::$app->response;
    $response->format = \yii\web\Response::FORMAT_JSON;
    $response->data = $data;
    return $response;
```

　　其他的寫法就與一般的函式相同，沒有特別之處。在此要特別一提的是，如何處理查詢變數，我們經常會在頁面上讓使用者填入某一欄位值，然後帶入資料庫查詢，本例是讓使用者查詢欄位：F_NAME，帶入的變數是searchString，因此可以用傳統的方式來讀取其值：$_

GET['searchString']。本範例的其他程式碼主要功能是做資料的轉換，例如將 F_TYPE 由數值轉為"一般型"或"員工型"，其他項目的轉換也是如此。這項轉換工作也可以寫在以下(4) 的畫面顯示裡，不過建議還是在後端處理程式來做。

(3) 功能設定

功能設定是非常複雜的區塊，因為表格除了顯示資料外，使用者更期待能在同一個表格畫面裡，加上所有想要的功能。為了滿足使用者的需求，就發展出了許多不同的延伸功能寫法，讓初次使用這個元件的程式設計師感到沮喪！基本上，可以將功能區分為欄位功能及附加功能，簡言之，功能可以放在欄位裡，也可附加在表格的上方或下方。另外附加的功能，還可區分為 toolbar 及 statusbar，各有不同的寫法。再者，這兩種功能的定義位置也不同，例如要放在欄位裡的功能設定，就必須放在 jqxGrid() 函式之前，而後者附加功能則是放在 jqxGrid() 函式裡。例如以下的欄位功能定義，就必須放在 jqxGrid() 之前：

```
var andlinkrenderer = function (row, column, value) {
    status = value;
};
```

//功能列功能一覽

```
var linkrenderer = function (row, column, value) {

    var html = '<div class=" btncss juiker-jqxGrid-toolbar" >' ;
    //alert(row+' || +column+' || +value);
    var editurl = '<?= Url::to( '@web/firm-info/update' ) ?>' +
'?FIRM_ID=' + value;
    html = html + "<a href=' " + editurl + "' ><span
class=' glyphicon glyphicon-edit' data-toggle=' tooltip' title=' <?=
Yii::t( 'app' , '編輯' ) ?>' ><span></a>" ;
    html = html + "</div>" ;
    return html;
};


    var columnsrenderer = function (value) {
        return '<div class=" juiker-jqGrid-header" >' + value + '</
div>' ;
    };
```

接下來 toolbar 的功能設定，就必須放在 jqxGrid() 函式裡了。

```
rendertoolbar: function (toolbar) {
                var me = this;
                var container = $( "<div style=' margin: 5px;' ></div>" );
                var span = $( "<span style=' float: left; margin-top: 5px;
margin-right: 4px;' >企業名稱： </span>" );
                var input = $( "<input class=' jqx-input jqx-widget-content
jqx-rc-all' id=' searchterm' type=' text' style=' height: 23px; float: left;
width: 223px;' />" );
```

```
toolbar.append(container);
container.append(span);
container.append(input);
if (theme !==  "" ) {
    input.addClass(  'jqx-widget-content-'   + theme);
    input.addClass(  'jqx-rc-all-'   + theme);
}
input.bind(  'keydown'  , function (event) {
    if (input.val().length >= 1) {
        if (me.timer)
            clearTimeout(me.timer);
        me.timer = setTimeout(function () {
            dataAdapter.dataBind();
        }, 300);
    }
});
$(  '[data-toggle="  tooltip"  ]'   ).tooltip();
},
```

這個 toolbar 會在表格欄位名稱的上一列，再加上一個提示為"企業名稱"的可輸入欄位，來讓使用者填入想查詢的企業名稱。此範例的寫法可做為使用者欄位查詢的參考範例，尤其是如何連結使用者輸入值，帶到後端處理程式，然後更新表格資料等動作，都是經由上列的功能設定來完成。

(4)顯示畫面

　　上列的幾個步驟是處理資料輸入的部份以及所要提
供的功能，而使用者所見到的畫面，則是由jqxGrid()函
式中，接下來的程式碼來完成。畫面欄位標題，可藉由
columns[] 的值來設定，這是一個陣列，每一個陣列元
素，代表畫面上每一欄的標題名稱，以及欄位內容的屬
性及處理方式，例如：{text: '{{ t('app', '企業名
稱') }}', columntype: 'textbox', width: '25%',
datafield: 'F_NAME',renderer: columnsrenderer}, 會
指定欄位標題名為：企業名稱，屬性為文字，寬度為 25%
，相對應的欄位為：F_NAME, 畫面上看到的值要經由
columnsrenderer 函式來轉換，這個函式定義在前一項
的"功能設定"裡。所以，經過資料的讀取、轉換以及
jqxGrid() 的設定，畫面的呈現如下圖：

10-1 jqxGrid 常用功能集錦

由於這個元件實在太常用了，茲將會用的到表格功能整理出來，以做為功能開發的參考。本小節所講述的功能均屬於 jqxGrid 的，因此只要修改 views 底下相應的檔案即可。

增加表頭說明

可以在顯示表格上方再加上表頭說明

```
$( "#jqxgrid" ).jqxGrid(
{
    …
  showtoolbar: true,
  toolbarheight: 20,
  rendertoolbar: function (toolbar) {
    var gridTitle = "<div style=' width: 95%; height: 100%; text-align:
center;' >表頭說明</div>" ;
    toolbar.append(gridTitle);
    },
    …
}
```

首列加上序號

因為是表格，若加上序號，可讓使用更清楚所在列

```
$("#jqxgrid").jqxGrid(
{
    ...
    { text: '序號', dataField: '', columntype: 'number', width: '5%',cellsrenderer:
rownumberrenderer },

    // 有顏色的字
    var rownumberrenderer = function (row, columnfield, value, defaulthtml,
columnproperties) {
    var val = value + 1;
    return '<span style="margin: 4px; float: ' + columnproperties.cellsalign + '; color:
#0000ff;">' + val + '</span>';
    }
    ...
}
```

加上列選取的功能

這個也是常見的功能，讓使用者可以選取某一列

```
$("#jqxgrid").jqxGrid(
{
    ...
        text: '', menu: false, sortable: false,
    datafield: 'available', columntype: 'checkbox', width: 80,
    renderer: function () {
    return '<div><div style="margin-left: 10px; margin-top: 5px;"></
div><div>Select</div></div>';
    },
```

```
rendered: function (element) {
    var checkbox = $(element).last();
    $(checkbox).jqxCheckBox({ theme: theme, width: 16, height: 16,
animationShowDelay: 0, animationHideDelay: 0 });
    columnCheckBox = $(checkbox);
    $(checkbox).on('change', function (event) {
        var checked = event.args.checked;
        var pageinfo = $("#jqxgrid").jqxGrid('getpaginginformation');
        var pagenum = pageinfo.pagenum;
        var pagesize = pageinfo.pagesize;
        if (checked == null || updatingCheckState) return;
        $("#jqxgrid").jqxGrid('beginupdate');

        // select all rows when the column's checkbox is checked.
        if (checked) {
            $("#jqxgrid").jqxGrid('selectallrows');
        }
        // unselect all rows when the column's checkbox is checked.
        else if (checked == false) {
            $("#jqxgrid").jqxGrid('clearselection');
        }

        // update cells values.
        var startrow = pagenum * pagesize;
        for (var i = startrow; i < startrow + pagesize; i++) {
            // The bound index represents the row's unique index.
            // Ex: If you have rows A, B and C with bound indexes 0, 1 and 2,
afer sorting, the Grid will display C, B, A i.e the C's bound index will be 2, but its
visible index will be 0.
            // The code below gets the bound index of the displayed row and
updates the value of the row's available column.
```

```
            var boundindex = $("#jqxgrid").jqxGrid('getrowboundindex', i);
            $("#jqxgrid").jqxGrid('setcellvalue', boundindex, 'available', event.args.
checked);
        }

        $("#jqxgrid").jqxGrid('endupdate');
    });
    return true;
    }
},  …
}
$("#jqxgrid").on('cellvaluechanged', function (event) {
    if (event.args.value) {
        $("#jqxgrid").jqxGrid('selectrow', event.args.rowindex);
    } else {
        $("#jqxgrid").jqxGrid('unselectrow', event.args.rowindex);
    }

    // update the state of the column's checkbox. When all checkboxes on the
displayed page are checked, we need to check column's checkbox. We uncheck it,
    // when there are no checked checkboxes on the page and set it to
intederminate state when there is at least one checkbox checked on the page.
    if (columnCheckBox) {
        var datainfo = $("#jqxgrid").jqxGrid('getdatainformation');
        var pagesize = datainfo.paginginformation.pagesize;
        var pagenum = datainfo.paginginformation.pagenum;
        var selectedRows = $("#jqxgrid").jqxGrid('getselectedrowindexes');
        var state = false;
        var count = 0;
        $.each(selectedRows, function () {
            if (pagenum * pagesize <= this && this < pagenum * pagesize +
```

```
pagesize) {

        count++;
    }
});

if (count != 0) state = null;
if (count == pagesize) state = true;
if (count == 0) state = false;

updatingCheckState = true;
$(columnCheckBox).jqxCheckBox({
    checked: state
});

updatingCheckState = false;
    }
});
```

表格內容輸出範例

　　通常使用者都會希望表格的內容能轉出成其他格式
如：xls, csv, xml, html 等等格式，jqxGrid 其實已內建
這些輸出功能，只要在呼叫函數，再做相應的參數設定即
可，以下是一個完整的範例，包含各種格式的輸出。

```
<!DOCTYPE html>
<html lang="en">
<head>
```

```html
<title></title>
<link rel="stylesheet" href="../../jqwidgets/styles/jqx.base.css" type="text/css" />
<script type="text/javascript" src="../../scripts/jquery-1.11.1.min.js"></script>
<script type="text/javascript" src="../../jqwidgets/jqxcore.js"></script>
<script type="text/javascript" src="../../jqwidgets/jqxbuttons.js"></script>
<script type="text/javascript" src="../../jqwidgets/jqxscrollbar.js"></script>
<script type="text/javascript" src="../../jqwidgets/jqxmenu.js"></script>
<script type="text/javascript" src="../../jqwidgets/jqxcheckbox.js"></script>
<script type="text/javascript" src="../../jqwidgets/jqxgrid.js"></script>
<script type="text/javascript" src="../../jqwidgets/jqxgrid.selection.js"></script>
<script type="text/javascript" src="../../jqwidgets/jqxgrid.columnsresize.js"></script>
<script type="text/javascript" src="../../jqwidgets/jqxdata.js"></script>
<script type="text/javascript" src="../../jqwidgets/jqxdata.export.js"></script>
<script type="text/javascript" src="../../jqwidgets/jqxgrid.export.js"></script>
<script type="text/javascript" src="../../jqwidgets/jqxgrid.sort.js"></script>
<script type="text/javascript" src="generatedata.js"></script>
<script type="text/javascript">
    $(document).ready(function () {
        // prepare the data
        var data = generatedata(100);

        var source =
        {
            localdata: data,
            datatype: "array",
            datafields:
            [
                { name: 'firstname', type: 'string' },
                { name: 'lastname', type: 'string' },
                { name: 'productname', type: 'string' },
                { name: 'available', type: 'bool' },
```

```
            { name: 'date', type: 'date' },
            { name: 'quantity', type: 'number' },
            { name: 'price', type: 'number' }
        ]
};


    var dataAdapter = new $.jqx.dataAdapter(source);

// initialize jqxGrid
$("#jqxgrid").jqxGrid(
{
        width: 850,
        source: dataAdapter,
        altrows: true,
        sortable: true,
        selectionmode: 'multiplecellsextended',
        columns: [
            { text: 'First Name', datafield: 'firstname', width: 130 },
            { text: 'Last Name', datafield: 'lastname', width: 130 },
            { text: 'Product', datafield: 'productname', width: 200 },
            { text: 'Available', datafield: 'available', columntype: 'checkbox',
width: 67, cellsalign: 'center', align: 'center' },
            { text: 'Ship Date', datafield: 'date', width: 120, align: 'right',
cellsalign: 'right', cellsformat: 'd' },
            { text: 'Quantity', datafield: 'quantity', width: 70, align: 'right',
cellsalign: 'right' },
            { text: 'Price', datafield: 'price', cellsalign: 'right', align: 'right',
cellsformat: 'c2' }
        ]
    });
```

```
$("#excelExport").jqxButton({ theme: theme });
$("#xmlExport").jqxButton({ theme: theme });
$("#csvExport").jqxButton({ theme: theme });
$("#tsvExport").jqxButton({ theme: theme });
$("#htmlExport").jqxButton({ theme: theme });
$("#jsonExport").jqxButton({ theme: theme });

$("#excelExport").click(function () {
    $('#jqxgrid').jqxGrid('setcolumnproperty', 'firstname', 'text', "New
header text");
    $("#jqxgrid").jqxGrid('exportdata', 'xls', 'jqxGrid');
});
$("#xmlExport").click(function () {
    $("#jqxgrid").jqxGrid('exportdata', 'xml', 'jqxGrid');
});
$("#csvExport").click(function () {
    $("#jqxgrid").jqxGrid('exportdata', 'csv', 'jqxGrid');
});
$("#tsvExport").click(function () {
    $("#jqxgrid").jqxGrid('exportdata', 'tsv', 'jqxGrid');
});
$("#htmlExport").click(function () {
    $("#jqxgrid").jqxGrid('exportdata', 'html', 'jqxGrid');
});
$("#jsonExport").click(function () {
    $("#jqxgrid").jqxGrid('exportdata', 'json', 'jqxGrid');
});
});
</script>
</head>
<body class='default'>
```

```html
<div id='jqxWidget' style="font-size: 13px; font-family: Verdana; float: left;">
    <div id="jqxgrid"></div>
    <div style='margin-top: 20px;'>
        <div style='float: left;'>
            <input type="button" value="Export to Excel" id='excelExport' />
            <br /><br />
            <input type="button" value="Export to XML" id='xmlExport' />
        </div>
        <div style='margin-left: 10px; float: left;'>
            <input type="button" value="Export to CSV" id='csvExport' />
            <br /><br />
            <input type="button" value="Export to TSV" id='tsvExport' />
        </div>
        <div style='margin-left: 10px; float: left;'>
            <input type="button" value="Export to HTML" id='htmlExport' />
            <br /><br />
            <input type="button" value="Export to JSON" id='jsonExport' />
        </div>
    </div>
</div>
</body>
</html>
```

第十一章 雲端平台上架

　　前面的章節已詳述了如何運用 Yii 框架，來開發網路應用系統，經由範例的引導，相信讀者都能在家裡，自行重建本書所講述的範例。另一個重要的課題則是如何讓開發完成的系統，佈建網際網路上，並且能真實地提供線上服務。如第五章所講述的硬體建置，如果一切都要重新來過，那將是另一件沈重的工作負荷！其實在今日的網路環境中，已有許多知名的廠商提供建站的服務，其中筆者在之前的出版即介紹過 Heroku 平台的服務，尤其在雲端運算的世代裡，Heroku 平台提供了簡潔且免費的架站服務。這幾年來，Heroku 平台服務更上層樓了，不但支援的程式語言增多，結合各項雲端服務的 Add-Ons 也大量增加，讓應用系統的開發及營運都變得非常有效率。

　　此外，從西元 2013年起，Docker 的輕量級虛擬化技術，風靡了整個 IT 業界，這幾年的發展更讓重量級的大廠如微軟公司，都採用此技術。因此在本書的最後，就用先前所做的範例，利用 Docker 技術，以 ubuntu 14.04 的版本為對象，製作成可以佈建的 Docker 檔案。同樣地，也是以截圖來說明如何將系統移植到 Docker 架構裡。

11-1 Heroku 平台上架

Heroku 平台支援 PHP 語言，但因為其本身是一個中介平台，會執行很多相關的腳本設定，因此，要在其上佈建 Yii 架構應用系統，也是需要做些必要的調整。以下用前章所完成的例子為範本，複製一份來進行 Heroku 平台的發佈。要特別留意的地方是 Heroku 是透過 git 來做程式碼的管理，因此會以目錄為同步的基礎，所以不同的應用程式要用目錄來區分。

再者，這些 PHP 程式框架都是以 composer 來管理相關套件，所以要記得先安裝 composer 軟體，composer 的官方網站(https://getcomposer.org)，有詳細的安裝說明。本範例是在 Mac 平台上進行，所以要先建好 Heroku 的工作環境，並且也要安裝好 composer，接下來一一說明如何將應用系統佈置到 Heroku 平台。

(1) 建立 git 目錄及相關檔案

請在工作目錄下，用以下命令來建立，畫面如下所示：

```
$ git init   && \
```

```
git add .  && \
git commit -m 'init project'
```

```
1. sslab@sslab-SYS-2028TP-DC1FR: ~/yiiMySite (bash)
(venv) morganch:yiiWeb morganch$ git init   && \
>    git add . && \
>    git commit -m 'init project'
```

其中 init 的參數會建立一個隱藏的 git 目錄，接下來的 add 命令則是將目錄裡的所有檔案記入 git 中，以方便追踪。最後一個命令 commit 則是確認的動作。

(2) 產生 Procfile 檔

Heroku 需要一個名為 Procfile 的檔案來指名如何提供網站服務，要製作這個檔案的方法有很多種，只要是

文字編輯器，例如 vi 或是 vim 都可以用來建立檔案。以下是利用系統的命令來產生檔案，並且將這個檔案加入到 git 的追蹤系統中。使用的命令如下：

```
$ echo "web: vendor/bin/heroku-php-
apache2 web/" > Procfile
$ git add .  && \
    git commit -m "Procfile for Apache and
PHP"
```

```
(venv) morganch:yiiWeb morganch$ echo "web: vendor/bin/heroku-php-apache2 web/" >
Procfile
```

I

```
1. sslab@sslab-SYS-2028TP-DC1FR: ~/yiiMySite (bash)
(venv) morganch:yiiWeb morganch$ git add .  && \
> git commit -m "Procfile for Apache and PHP"
[master efa38d0] Procfile for Apache and PHP
 1 file changed, 1 insertion(+)
 create mode 100644 Procfile
(venv) morganch:yiiWeb morganch$ █
```

(3) 在 Heroku 平台建立相應的應用程式

　　要將佈建到 Heroku 平台，必須要先建立應用程式，前本書有詳細介紹如何來產生新的應用程式。簡言之，可以由站台的管理介面或是由視窗命令來產生。如果是以網站的管理介面產生，就必須自行修改 git 的設定，但如果是以命令來建立的話，會自動加上，本例以命令來完成。

　　$ heroku create

```
                    1. sslab@sslab-SYS-2028TP-DC1FR: ~/yiiMySite (bash)
(venv) morganch:yiiWeb morganch$ heroku create
 ›    heroku-cli: update available from 6.14.36-15f8a25 to 6.15.26-5726b6f
 ›    heroku-cli: update available from 6.14.36-15f8a25 to 6.15.26-5726b6f
Creating app... done, ● obscure-temple-17418
https://obscure-temple-17418.herokuapp.com/ | https://git.heroku.com/obscure-templ
e-17418.git
(venv) morganch:yiiWeb morganch$ █
```

　　如上圖所示，create 的命令會產生相關的檔案，並
會自動給予一個應用程式名稱，並且系統會回應所建立的
應用程式名稱。

（4）新增必要的套件

　　要使用 Yii 框架，有兩個套件是必要的，以下是以
Composer 來安裝。要使用 composer 也有兩個方式，一者
是直接執行 composer require 'package name' 的方式，
或者修改 composer.json 檔案，再以 composer update

的命令來更新。本例是以後者的方式來新增套件。

$ vi composer.json

在 "require" 段加入以下的套件名稱：

"fxp/composer-asset-plugin": "1.1.*",

"ext-gd": "*"

```
1. sslab@sslab-SYS-2028TP-DC1FR: ~/yiiMySite (vim)
    "type": "project",
    "license": "BSD-3-Clause",
    "support": {
        "issues": "https://github.com/yiisoft/yii2/issues?state=open",
        "forum": "http://www.yiiframework.com/forum/",
        "wiki": "http://www.yiiframework.com/wiki/",
        "irc": "irc://irc.freenode.net/yii",
        "source": "https://github.com/yiisoft/yii2"
    },
    "minimum-stability": "stable",
    "require": {
        "php": ">=5.4.0",
        "yiisoft/yii2": ">=2.0.5",
        "yiisoft/yii2-bootstrap": "*",
        "yiisoft/yii2-swiftmailer": "*",
        "yiisoft/yii2-twig": "^2.0",
        "schmunk42/yii2-giiant": "*",
        "sansusan/yii2-jqwidgets-asset": "dev-master",
        "luyadev/luya-bootstrap4": "^1.0@dev",
        "fxp/composer-asset-plugin": "1.0.0-beta4",
        "ext-gd": "*
```

```
1. sslab@sslab-SYS-2028TP-DC1FR: ~/yiiMySite (bash)
(venv) morganch:yiiWeb morganch$ heroku create
    heroku-cli: update available from 6.14.36-15f8a25 to 6.15.26-5726b6f
    heroku-cli: update available from 6.14.36-15f8a25 to 6.15.26-5726b6f
Creating app... done, ● obscure-temple-17418
https://obscure-temple-17418.herokuapp.com/ | https://git.heroku.com/obscure-templ
e-17418.git
(venv) morganch:yiiWeb morganch$ vi vi composer.json
(venv) morganch:yiiWeb morganch$ vi composer.json
(venv) morganch:yiiWeb morganch$ composer update
```

如果更新的過程出現如下的錯誤時，請用以下的命令來解決問題。

$composer global update fxp/composer-asset-plugin --no-plugins

如果還是不能更新，請再更新 composer 版本，然後再試一次。

$ composer self-update

在用 composer 更新的過程中，也許會出現不同的錯誤訊息，就只能再到網際網路上去找找解決的方法。其中有一個是有關 jQuery 的版本，可以用以下的命令來更新

jQuery 版本。

```
$ composer require components/jquery
$ composer require fxp/composer-asset-
plugin
$ composer update
```

(5) 應用程式更名

　　當在 Heroku 系統裡建立新應用程式時，系統會給一個有趣的名字，但是如果想要在網路上提供正式服務時，最好能改成一個容易記住的名字。此外，因為 Heroku 所提供的是免費的服務，因此站台的域名必須為 herokuapp. com，如果也想用自己的域名(domain name)，就必須自己想辦法解決，當然也可以向 Heroku 租用。

　　以下介紹用站台的管理介面，來更改應用程式的名稱。首先登入 Heroku 站台，在個人應用程式的儀表板上即可找到系統剛剛建立的應用程式，點選該項之後就可以看到跟這個應用程式相關的各項選項，請點選最後一項 'Settings'，就可以給予一個新的名字。

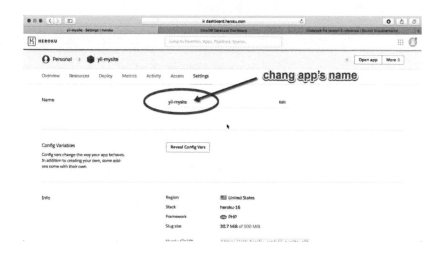

　　完成上述的更名之後，也要手動更改 git 的設定，
否則會無法使用 git 來更新程式碼。

$ vi .git/config

...

[remote "heroku"]
　　url = https://git.heroku.com/yii-mysite.git
　　fetch = +refs/heads/*:refs/remotes/heroku/*

　　其中 url 參數必須要跟前述在 Settings 裡的值一
致。

(6) 架設後端資料庫系統

Heroku 透過 Add-ons 的方式來結合各項服務，打開其Add-ons 頁面，可以找到各式各樣的服務。其中有關資料庫的部份，也有很多不同的選擇。MySQL 資料庫有兩家廠商可供選擇，本範例挑選了 ClearDB。

Add-ons 的特點就是 Heroku 幫您做好了整合的工作，亦即會自動申請及綁定該項服務。以 ClearDB 為例，會自動設定帳號以及提供連線相關的設定。在 Heroku 的架構下，要用以下的命令來取得設定值。

```
$ heroku config |grep CLEARDB_DATABASE_URL
```

```
● ● ●                        2. bash
(venv) morganch:yiiWeb morganch$ heroku config -a vii-mysite | grep CLEARDB DATABASE URL
CLEARDB_DATABASE_URL: mysql://b747b4abc1147b:        @us-cdbr-iron-east-05.cleardb.net/he
roku_911d48d7df3ef72?reconnect=true
(venv) morganch:yiiWeb morganch$ ▌
```

Got the database connection infomatioin

回傳值裡有連接 ClearDB 資料庫所需的資訊，包含
使用者帳號及密碼，請用這些相關資訊修改 config/db.php
裡的設定值，這樣就能連結這個 MySQL 資料庫系統來使
用了，詳細的修改內容，請參考以下的資訊。

$ vi config/db.php

```php
<?php
return [
    'class' => 'yii\db\Connection',
    'dsn' => 'mysql:host=us-cdbr-iron-east-05.cleardb.net;dbname=heroku_911d48d
7df3ef72',
    'username' => 'user name here',
    'password' => 'user password here',
    'charset' => 'utf8'
```

]

```
(venv) morganch:yiiWeb morganch$ git push heroku master
```

　　修改完成後儲存該檔案後，記得要用 git 命令來同步，這樣才能維持程式碼的一致性！任何的修改，都要記得做這個同步的動作，否則 git 的追蹤系統無法記錄每個檔案的正確版本。接下來則是透過 git 上傳程式碼到 Heroku 站台。

$ git push heroku master

```
● ● ●                              2. bash
(venv) morganch:yiiWeb morganch$ git push heroku master█
```

```
● ● ●                                      2. bash
remote:            - Installing yiisoft/yii2-debug (2.0.13): Loading from cache
remote:            - Installing fzaninotto/faker (v1.7.1): Loading from cache
remote:            - Installing yiisoft/yii2-faker (2.0.4): Loading from cache
remote:            - Installing swiftmailer/swiftmailer (v6.0.2): Loading from cache
remote:            - Installing yiisoft/yii2-swiftmailer (2.1.0): Loading from cache
remote:            - Installing twig/twig (v2.4.4): Loading from cache
remote:            - Installing yiisoft/yii2-twig (2.2.0): Loading from cache
remote:            Generating optimized autoload files
remote: -----> Preparing runtime environment...
remote: -----> Checking for additional extensions to install...
remote: -----> Discovering process types
remote:            Procfile declares types -> web
remote:
remote: -----> Compressing...
remote:            Done: 30.7M
remote: -----> Launching...
remote:            Released v10
remote:            https://yii-mysite.herokuapp.com/ deployed to Heroku
remote:
remote: Verifying deploy... done.
To https://git.heroku.com/yii-mysite.git
   628f731..0ae14a8  master -> master
morganidvtw:yii-mysite morganch$ █
```

　　做完上傳的動作之後，基本上已經開啟網站的服務
了，亦可以直接瀏覽器，輸入網址：https://yii-mysite.
herokuapp.com，或是使用命令：

$ heroku open

or
```
$ heroku open -a 'app name'
```

　　來開啟站台,但是因為 MySQL 資料庫系統並沒有建立相關表格,所以站台還是不能正常運作! 由於 ClearDB 服務並沒有提供類似 phpMyAdmin 的線上操作介面,因此必須透過其他程式來做連線操作。請上其官方站台 (https://www.cleardb.com/developers/ssl_connections),有詳細說明如何用 SSL 安全連線來使用此資料庫系統。另外也可以使用其他資料庫軟體如:MySQL Workbench, Sequel Pro for Mac OS X, 或是 Navicat 等軟體,來做資料庫表格的建立與維護。 本範例所使用的是 Mac 平台上的連線軟體 Navicat (https://www.navicat.com/cht/) 做操作說明。這套軟體亦提供 Wins 及 Linux 平台的版本,讀者可自行下載來安裝及使用。至於本範例所使用的相關的表格定義, 已放在 github.com (https://github.com/morganch/yiiMySite/tree/master/database) 上, 請自行上網下載。以下是使用 Navicat 軟體連上 ClearDB 資料庫的操作畫面。

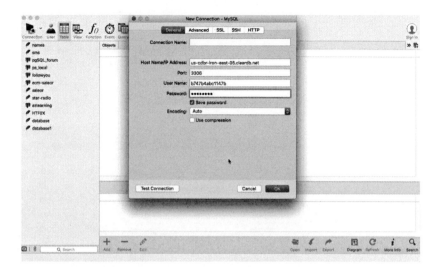

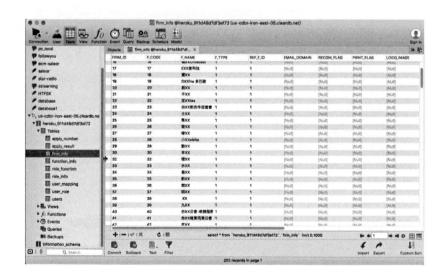

　　因為在這個範例程式中，有使用後端資料庫表格，因此要等到相關表格都建立好後，再瀏覽站台，就能看到正確的畫面了。

	序號	企業名稱	群組企業	申請類型	可推廣	允許列印	啟用MVPN	操作選項
	1	行XX	北XX	員工型	否	否	啟用	
	2	789	實XX	一般型	否	否	啟用	
	3	中XX	行XX	一般型	否	否	停用	
	4	行XX委員會林務局	行XX	一般型	否	否	停用	
	5	行XX委員會	行XX	一般型	否	否	停用	
	6	經XX財產局	行XX	一般型	否	否	停用	
	7	交XX	行XX	一般型	否	否	停用	
	8	行XX委員會藥麻試驗所	行XX	一般型	否	否	停用	
	9	經XX企業處	行XX	一般型	否	否	停用	
	10	經XX檢驗局	行XX	一般型	否	否	停用	

11-2 Ubuntu 系統下 Docker 技術上架

　　Docker 是新一代的虛擬化技術，近幾年來，幾乎所有的大廠都使用了這個技術。Docker 的概念是封裝程式的執行環境，也就是讓每一個應用程式或應用服務，都有一個獨立的使用資源及環境。簡言之，就是讓系統也可以像一支程式般被執行。這個概念有別於以往的虛擬化技術，過去虛擬化技術的發展方向，都是考慮如何抽離硬體層，利用軟體模擬各式硬體設備的資源，在這個模擬環境中，使用者幾乎可以使用原生系統的所有功能。但此種方式的瓶頸則出現在使用效能上，因為軟體模擬仍須仰賴硬體設備的支援，因此，還是要有效能高的硬體，才能有較佳的模擬環境。

　　Docker 則是輕量級的作業系統虛擬化技術，整個技術的核心概念。主要有四個核心：

　　　Docker I/O

　　　倉庫Repository

　　　映像檔Image

　　　容器Container

(1) Docker I/O

任何系統要操作 Docker 的系統，就必需在作業系統上先安裝 Docker，上一節筆者已簡單介紹如何安裝及使用。有了 Docker I/O，就可以跟公有雲端進行互動，抓取所需的映像檔，跟虛擬機(VM) 不同的地方在於，VM 是用硬體端的 hypervisor 技術來同時執行多個虛擬主機，一般可預見需要大量的運行資源。

Docker 則是用軟體端的作業系統來實現虛擬分割的技術，由於僅載入核心的函式庫，所以跟 VM 不同的地方在於，可以同時執行數百個不同的應用容器，其原理不難理解，因為 Linux 平台本身就可以穩定的執行多個程序，而 Docker 則是套用 Linux 的技術，將每個容器當成一個實例(instance)，彼此完全隔離，又可以依需求而互動。

(2) 倉庫 Repository

倉庫的概念就是發揮雲端的精神，將大量的資源存放在公有倉庫，而私有倉庫則存放常用的資源或者是自行開發的資源。這其實跟Linux的概念是很相似的，最大的不同點在於，Docker 公用倉庫可存放各式的映象檔，除了常見

的作業系統映象檔外，各式的網路服務也都被打包成了映象檔了，因此，在做任何應用系統的開發之前，可以先到公用倉庫找一下，是否有現成可用的資源。

　　舉例來說，開發者先在私人主機端利用 Docker I/O 安裝了映像檔 Ubuntu 14.04 ，並在此環境上開發了應用軟體名為 app1 ，而他預計將在雲端放上這套軟體 app1。他所需要的工作就是在雲端上利用公有倉庫下載 Ubuntu 14.04 映像檔，接著就可以運行其 app1，而不用在乎雲端伺服器是否與自己的主機相容。能精簡安裝的流程其關鍵就在於，映像檔本身是唯讀且不可更改，這樣才能確保在不同雲端平台，都有相同的系統環境，易於應用軟體的移植。目前最大的公有倉庫網址如下：https://hub.docker.com/

（3）映像檔 Image

　　前面介紹了 Docker 與 VM 的不同，這邊的映像檔就可以想成是 VM 上的 Guest OS，其差別在於映像檔僅包含最小可運行的系統，而且更重要的是映像檔本身是唯讀不可修改。

　　這邊可能會有疑惑，既然不能修改映像檔，那不就意味著不能修改環境？事實上還是可以，那是因為 Docker 本身提供了容器的架構讓使用者可以自行設定並修改，如果有需要，還可以自行建構成新的映像檔放在私有倉庫。而為了避免映像檔衝突，公有雲端為每個映像檔提供了獨有的 ID（例如Ubuntu 14.04的ID = 8251da35e7a7），只有是同樣的 ID 就可以確保所下載的映像檔是官方所發行的，而不會跟私有的映像檔有所以衝突。

(4) 容器 Container

　　容器是利用映像檔所創造的實例（instance），一個映像檔可以創造出多個不同的容器，而且彼此隔離。容器就像是映像檔的可寫層，與唯讀的映像檔組合成一個環境，便於開發所需的應用程式。因為容器是 Docker 最核心的技術，所以用以下的例子來說明：

　　》新建一個容器，以下的命令是以 ubuntu 14.04 映像檔為基礎，建立一個空的容器來用：

```
$ sudo docker create -it ubuntu:14.04
```

　　可以想見這個命令只是建立一個'空'的基本 ubuntu

作業系統，容器裡面空無一物，使用者必須'登入'這個容器，才能繼續其他相關的操作。

　　》查詢已建立的容器目前的執行狀態，一般而言，容器初始後，會呈現停止狀態，除非有指定某些工作必須一開始即執行。可以用不同的參數，來查詢正在進行中的容器或是已停止的容器。

```
$docker ps
$ sudo docker ps -al
```

```
3. sslab@sslab-SYS-2028TP-DC1FR: ~/yiiMySite (ssh)
sslab@sslab-SYS-2028TP-DC1FR:~/yiiMySite$ docker ps
CONTAINER ID    IMAGE            COMMAND               CREATED
     STATUS          PORTS            NAMES
b38a3968691e    cb6a5015ad72     "docker-php-entrypoi…"  43 seconds ago
     Up 42 seconds   80/tcp           heuristic_pasteur
sslab@sslab-SYS-2028TP-DC1FR:~/yiiMySite$ docker ps -a
CONTAINER ID    IMAGE            COMMAND               CREATED
     STATUS          PORTS            NAMES
b38a3968691e    cb6a5015ad72     "docker-php-entrypoi…"  47 seconds
ago     Up 46 seconds   80/tcp          heuristic_pasteur
dc9471af1458    phpmyadmin/phpmyadmin  "/run.sh phpmyadmin"  3 hours ago
     Exited (0) 3 hours ago           yiimysite_phpmyadmin_1
1cb5addff8fd    yiimysite_web    "docker-php-entrypoi…"  3 hours ago
     Exited (0) 3 hours ago           yiimysite_web_1
98b59b742914    mysql            "docker-entrypoint.s…"  3 hours ago
     Exited (0) 3 hours ago           yiimysite_db_1
74e2a1351d0b    busybox          "sh"                  3 hours ago
     Exited (0) 3 hours ago           yiimysite_mcMysqlData_1
sslab@sslab-SYS-2028TP-DC1FR:~/yiiMySite$
```

》如果要再次執行已建立的容器，可輸入剛剛查詢的 id，每台主機不一樣，請自行輸入 id 可以輸入前幾碼即可，如以下所列的命令，就可以重新執行了。

$ sudo docker start -i "ID" 例如b6a0ac8b2ad1或者是b6a

》停止容器的命令，則是給予容器 ID，或是名稱即可停止容器的執行。

```
$ sudo docker stop "ID"
```

》登入執行中的容器，這個常用的功能，因為有時還是需要'登入'到容器中去處理，就像有時還是要登入主機來處理一樣。

```
$ docker exec -it "tage name or ID" bash
```

》匯出容器，就可以搬移到其它的主機上來使用，這個命令會將映像檔打包成 tar 壓縮檔

```
$ sudo docker export "ID" > test.tar
```

》匯入容器成新的映像檔，即可儲存到本機倉庫中

```
$ cat test.tar | sudo docker export -
test/ubuntu:v1.0
```

》移除容器，容器會佔用記憶體的空間，如果不使

用，還是要移除，才能維持硬體的使用效能。

`$ docker rm "tage name or ID"`

》查看映像檔，使用 Docker 的過程，會產生許多的映像檔，有些是自公用倉庫下載，有些則是自行產生，因為大量佔用硬碟的儲存空間，所以還是要定期檢查各個映像檔的使用情形。

`$ docker images`

》移除映像檔，如果有些映像檔不再使用，即可將其移除。

`$ docker rmi "image tag name or image ID"`

由於 Docker 原先是在 Linux 系統下開發的，一開始也只能在 Linux 系統中使用，但是因為使用者眾多又是開放原始碼的形式，在大家的努力之下，目前 Docker 也可以在 Wins 及 Mac 系統中使用。Wins 的使用者要特別注意，目前只支援 Windows 10 以上的版本，Wins 10 之前的版本並不支援，如果想在這些版本中使用 Docker，可利用 VirtualBox 建置虛擬環境，然後在虛擬環境中來使用。用樣地在Mac 環境中，也有硬軟體的要求，硬體必須有支

援記憶體虛擬化的功能。請用以下的命令來確認硬體是否
支援：

sysctl kern.hv_support

以上的命令必須在命令模式下執行，請打開命令視
窗，然後執行上述命令。

上一章節介紹了 Docker 技術的基本概念，Docker
技術的發展原先就是以 Linux 作業系統平台為基底，以下
就用 ubuntu 14.04 版的作業系統，來說明如何實作本書
的範例。

（1）環境建置

使用 Docker 技術之前，要先在欲使用的作業系統
中，建置 Docker 的使用環境。每個平台都有其必須要
注意的細節。請參考官方站台所列的安裝細節（https://
www.docker.com/community-edition#/download），本範例是
以 community version 來說明，另一個版本（https://www.
docker.com/enterprise-edition）是收費版本。以下就以截
圖的方式，說明如何在 ubuntu 14.04 版的作業系統裡，
安裝 Docker 系統。

首先做系統套件的更新:

$sudo apt-get update

```
● ● ●                    1. sslab@sslab-SYS-2028TP-DC1FR: ~ (ssh)
sslab@sslab-SYS-2028TP-DC1FR:~$ sudo apt-get update
[sudo] password for sslab: █
```

完成系統更新後, 開始安裝相關套件:

```
$ sudo apt-get install \
  linux-image-extra-$(uname -r) \
  linux-image-extra-virtual
```

```
● ● ●                    1. sslab@sslab-SYS-2028TP-DC1FR: ~ (ssh)
sslab@sslab-SYS-2028TP-DC1FR:~$ sudo apt-get install \
>       linux-image-extra-$(uname -r) \
>       linux-image-extra-virtual█
```

```
● ● ●                    1. sslab@sslab-SYS-2028TP-DC1FR: ~ (ssh)
sslab@sslab-SYS-2028TP-DC1FR:~$ sudo apt-get install \
>       linux-image-extra-$(uname -r) \
>       linux-image-extra-virtual
Reading package lists... Done
Building dependency tree
Reading state information... Done
linux-image-extra-4.4.0-31-generic is already the newest version.
linux-image-extra-4.4.0-31-generic set to manually installed.
The following extra packages will be installed:
  linux-image-3.13.0-142-generic linux-image-extra-3.13.0-142-generic
  linux-image-generic
Suggested packages:
  fdutils linux-doc-3.13.0 linux-source-3.13.0 linux-tools
  linux-headers-3.13.0-142-generic
The following NEW packages will be installed:
  linux-image-3.13.0-142-generic linux-image-extra-3.13.0-142-generic
  linux-image-extra-virtual linux-image-generic
0 upgraded, 4 newly installed, 0 to remove and 361 not upgraded.
Need to get 52.1 MB of archives.
After this operation, 195 MB of additional disk space will be used.
Do you want to continue? [Y/n] █
```

接著更新認證套件:

```
$ sudo apt-get install \
  apt-transport-https \
```

```
ca-certificates \
curl \
software-properties-common
```

```
●  ○  ●                    1. sslab@sslab-SYS-2028TP-DC1FR: ~ (ssh)
sslab@sslab-SYS-2028TP-DC1FR:~$ sudo apt-get install \
>    apt-transport-https \
>    ca-certificates \
>    curl \
>    software-properties-common█
```

```
●  ○  ●                    1. sslab@sslab-SYS-2028TP-DC1FR: ~ (ssh)
sslab@sslab-SYS-2028TP-DC1FR:~$ sudo apt-get install \
>    apt-transport-https \
>    ca-certificates \
>    curl \
>    software-properties-common
Reading package lists... Done
Building dependency tree
Reading state information... Done
The following extra packages will be installed:
  libcairo-perl libcurl3 libglib-perl libgtk2-perl libpango-perl
  python3-software-properties software-properties-gtk
Suggested packages:
  libfont-freetype-perl libgtk2-perl-doc
The following NEW packages will be installed:
  libcairo-perl libglib-perl libgtk2-perl libpango-perl
The following packages will be upgraded:
  apt-transport-https ca-certificates curl libcurl3
  python3-software-properties software-properties-common
  software-properties-gtk
7 upgraded, 4 newly installed, 0 to remove and 354 not upgraded.
Need to get 1,784 kB of archives.
After this operation, 4,909 kB of additional disk space will be used.
Do you want to continue? [Y/n] █
```

完成之後，緊接著設定要下載 Docker 套件的公鑰：

$curl -fsSL https://download.docker.com/
linux/ubuntu/gpg | sudo apt-key add -

```
● ● ●                    1. sslab@sslab-SYS-2028TP-DC1FR: ~ (ssh)
sslab@sslab-SYS-2028TP-DC1FR:~$ curl -fsSL https://download.docker.com/linux/ubu
ntu/gpg | sudo apt-key add -
```

如果沒有設定，會無法下載及安裝 Docker 套件相
關的程式。根據官方站台的說明，應該要再檢查公鑰的
fingerprint，確認一下 Docker 的版本，因為 Docker 的
每個不同的版本，都有不同的 fingerprint。

```
● ● ●                    1. sslab@sslab-SYS-2028TP-DC1FR: ~ (ssh)
sslab@sslab-SYS-2028TP-DC1FR:~$ curl -fsSL https://download.docker.com/linux/ubu
ntu/gpg | sudo apt-key add -
OK
sslab@sslab-SYS-2028TP-DC1FR:~$ sudo apt-key fingerprint 0EBFCD88█
```

```
● ● ●                    1. sslab@sslab-SYS-2028TP-DC1FR: ~ (ssh)
tu.com>

pub   4096R/EFE21092 2012-05-11
      Key fingerprint = 8439 38DF 228D 22F7 B374  2BC0 D94A A3F0 EFE2 1092
uid               Ubuntu CD Image Automatic Signing Key (2012) <cdimage@ubunt
u.com>

pub   1024D/3E5C1192 2010-09-20
      Key fingerprint = C474 15DF F48C 0964 5B78  6094 1612 6D3A 3E5C 1192
uid               Ubuntu Extras Archive Automatic Signing Key <ftpmaster@ubun
tu.com>

pub   4096R/0EBFCD88 2017-02-22
      Key fingerprint = 9DC8 5822 9FC7 DD38 854A  E2D8 8D81 803C 0EBF CD88
uid               Docker Release (CE deb) <docker@docker.com>
sub   4096R/F273FCD8 2017-02-22

/etc/apt/trusted.gpg.d/jonathonf-openjdk.gpg
--------------------------------------------
pub   4096R/F06FC659 2015-01-07
      Key fingerprint = 4AB0 F789 CBA3 1744 CC7D  A76A 8CF6 3AD3 F06F C659
uid               Launchpad PPA for J Fernyhough

sslab@sslab-SYS-2028TP-DC1FR:~$ █
```

　　確認版之後, 才取回所需要的 Docker 相關資源, 以下的程式碼會取回, 放到系統倉庫資源裡。

```
$ sudo add-apt-repository \
  "deb [arch=amd64] https://download.
docker.com/linux/ubuntu \
  $(lsb_release -cs) \
  stable"
$ sudo apt-get update
```

```
●●●                    1. sslab@sslab-SYS-2028TP-DC1FR: ~ (ssh)
sslab@sslab-SYS-2028TP-DC1FR:~$ sudo add-apt-repository \
>    "deb [arch=amd64] https://download.docker.com/linux/ubuntu \
>    $(lsb_release -cs) \
>    stable"
```

　　最後一行是更新的命令，以確保所取回的資源是最新的版本。接下來安裝 Docker 系統：

```
$ sudo apt-get install docker-ce
```

```
● ● ●                    1. sslab@sslab-SYS-2028TP-DC1FR: ~ (ssh)
sslab@sslab-SYS-2028TP-DC1FR:~$ sudo apt-get install docker-ce
```

```
● ● ●                    1. sslab@sslab-SYS-2028TP-DC1FR: ~ (ssh)
sslab@sslab-SYS-2028TP-DC1FR:~$ sudo apt-get install docker-ce
Reading package lists... Done
Building dependency tree
Reading state information... Done
The following extra packages will be installed:
  aufs-tools cgroup-lite
The following NEW packages will be installed:
  aufs-tools cgroup-lite docker-ce
0 upgraded, 3 newly installed, 0 to remove and 354 not upgraded.
Need to get 30.3 MB of archives.
After this operation, 152 MB of additional disk space will be used.
Do you want to continue? [Y/n]
```

系統安裝完成之後，可以用以下的命令來確認
Docker 是否能正常運作：

$ sudo docker run hello-world

```
1. sslab@sslab-SYS-2028TP-DC1FR: ~ (ssh)
sslab@sslab-SYS-2028TP-DC1FR:~$ sudo docker run hello-world
[sudo] password for sslab:
Unable to find image 'hello-world:latest' locally
latest: Pulling from library/hello-world
ca4f61b1923c: Pull complete
Digest: sha256:083de497cff944f969d8499ab94f07134c50bcf5e6b9559b27182d3fa80ce3f7
Status: Downloaded newer image for hello-world:latest

Hello from Docker!
This message shows that your installation appears to be working correctly.

To generate this message, Docker took the following steps:
 1. The Docker client contacted the Docker daemon.
 2. The Docker daemon pulled the "hello-world" image from the Docker Hub.
    (amd64)
 3. The Docker daemon created a new container from that image which runs the
    executable that produces the output you are currently reading.
 4. The Docker daemon streamed that output to the Docker client, which sent it
    to your terminal.

To try something more ambitious, you can run an Ubuntu container with:
 $ docker run -it ubuntu bash
```

Docker 的使用都是依賴命令來完成的，在 Linux
系統裡，每個使用者都會有不同的使用權限，當系統安裝
完成，會自動建立一個名為 docker 的使用者群組，只有
隸屬這個群組的使用者，才有權限執行 Docker 相關的命
令。一般而言，可以用 sudo 的方式來強迫使用 Docker
命令。但是也可以用以下的命令，將目前的使用者加入

docker 群組

$ sudo usermod -aG docker $(whoami)

```
● ● ●                    1. sslab@sslab-SYS-2028TP-DC1FR: ~ (ssh)
sslab@sslab-SYS-2028TP-DC1FR:~$ sudo usermod -aG docker $(whoami) █
```

Docker 系統裡還有一個很重要的功能 docker-compose，它可以將拆散至各個映像檔的功能組合起來，變成一個完整的服務，簡言之，可以將所需的功能寫成腳本來執行，腳本的名稱為：docker-compose.yml。這個功能必須要另外安裝，而且也要先安裝相關的套件。

$ sudo apt-get -y install python-pip
$ sudo pip install docker-compose

```
●●●                    1. sslab@sslab-SYS-2028TP-DC1FR: ~ (ssh)
sslab@sslab-SYS-2028TP-DC1FR:~$ sudo apt-get -y install python-pip▐
```

```
●●●                    1. sslab@sslab-SYS-2028TP-DC1FR: ~ (ssh)
sslab@sslab-SYS-2028TP-DC1FR:~$ sudo pip install docker-compose▐
```

到此 Docker 系統才算是安裝完畢!

(2) 應用系統轉移

　　本範例仍然以前章所使用的站台來當做例子說明，前章的例子是從硬體的建置開始，到 Yii 架構站台的設定等等，相當繁瑣。那要如何利用 Docker 來簡化配置，讓站台的建置更容易。Docker 有相當龐大的倉庫(repository) ，本例子以Michael Hrtl (https://github.com/codemix/yii2-dockerized) 所建立的資源為基底，繼續再加上自行需要的功能。Michael 所建立的是一個以 Apache 為前台，MySQL 資料庫系統為後台，然後再加上一個 Yii 架構的版型。除了上述的功能外，我們希望能放上 phpMyAdmin，以方便使用者能有圖形化介面來建置資料庫系統。

　　以下是本書前範例轉移至 Docker 執行環境的步驟

　　1. 根據Michael Hrtl 站台內容的安裝說明，下載檔案並修改相關檔案，並在自己的機器上重建這個範例程式。本節是以 ubuntu 的主機來做說明，也可以使用其他已佈建好的 Docker 主機來建置此範。

　　2. 複製一份前章已完成的系統，不是前小節的 Heroku 範例，因為 Heroku 範例所使用的相關套件不同！

接著用這個複本來修改成自己想要的系統，要留意 Docker
是會根據所在的目錄來配置相關的使用環境。

3. 新增 phpMyAdmin 介面

4. 修改相關的檔案，尤其是因為導入了 Twig 及
Bootstrap，要特別留意相關檔案的配置以及如何利用
composer 來帶入相關的檔案。

上述步驟是系統轉移時，應考慮的做法，為了讓讀
者能感受使用 Docker 技術來建置網站應用系統的便利，
特地將本範例的完成檔放到 github 站台上，接下來的說
明則是依據這份已完成的檔案，詳細解說各個設定檔的用
法。

首先取回相關檔案，在此使用 git 命令：

```
$ git clone https://github.com/morganch/
yiiMySite.git
```

這個命令會複製一份回所在目錄，而且會以 github
站台上的名稱來建立目錄，本例為：yiiMySite。接下來切
換工作目錄至 yiiMySite

```
$ cd yiiMySite
```

　　由於 github 站台的關係，主目錄不能放置 docker-compose.yml 檔，所以，將欲使用的檔案更名為 docker-compose-working.yml。請用以下的命令複製一份來使用

```
$ cp docker-compose-working.yml docker-compose.yml
```

　　根據原作者的設計， php 使用環境及相關套件是放在 build 目錄裡，所以要先編譯成映像檔。再次切換至 build 目錄，並更改其中 docker-compose.yml 的內容：

```
$ cd build
$ vi docker-compose.yml
```

---

base:
  # Specify a tag name for your base image here:
  image: morganch.idv.tw/yiiapp:base-1.0
  build: ./

　　這是要使用的基本映像檔名稱及版本，要留意如果在此更動名稱，那上一層裡的 Dockerfile 檔案中的設定也要一併更改！改完設定就可以製作映像檔了！

```
$ docker-compose build
```

```
● ● ●                    1. sslab@sslab-SYS-2028TP-DC1FR: ~/yiiMySite/build (ssh)
sslab@sslab-SYS-2028TP-DC1FR:~$ cd yiiMySite/
sslab@sslab-SYS-2028TP-DC1FR:~/yiiMySite$ cd build
sslab@sslab-SYS-2028TP-DC1FR:~/yiiMySite/build$ docker-compose build█
```

I

```
● ● ●                    1. sslab@sslab-SYS-2028TP-DC1FR: ~/yiiMySite/build (ssh)
Building dependency tree...
Reading state information...
The following packages will be REMOVED:
  g++-4.9 libstdc++-4.9-dev
0 upgraded, 0 newly installed, 2 to remove and 32 not upgraded.
After this operation, 45.9 MB disk space will be freed.
(Reading database ... 14123 files and directories currently installed.)
Removing g++-4.9 (4.9.2-10) ...
Removing libstdc++-4.9-dev:amd64 (4.9.2-10) ...
Removing intermediate container 03b52d191b0c
 ---> 9d33ddbba51c
Step 7/9 : COPY --from=vendor /var/www/vendor /var/www/html/vendor
 ---> abbcb12ca717
Step 8/9 : RUN mv /var/www/html/vendor/bower-asset /var/www/html/vendor/bower
 ---> Running in c8fa7b9ba87e
Removing intermediate container c8fa7b9ba87e
 ---> b7eac3f327bd
Step 9/9 : WORKDIR /var/www/html
Removing intermediate container 30fa3b236a47
 ---> 46ee309be7a6
Successfully built 46ee309be7a6
Successfully tagged morganch.idv.tw/yiiapp:base-1.0
composer uses an image, skipping
sslab@sslab-SYS-2028TP-DC1FR:~/yiiMySite/build$ █
```

接著回到主目錄，打開 Dockerfile 檔案，這個檔案的用途是接續剛剛完成的那個基本映像檔，再加上範例要使用的所有檔案，並建立要執行 Yii 框架時，所需要的目錄。

```
$ cd ..
$ vi Dockerfile
```

```
#FROM myregistry.example.com/me/myapp:base-1.0
FROM morganch.idv.tw/yiiapp:base-1.0

# Copy apache and PHP configuration for production into the image
COPY ./config/apache/productive.conf /etc/apache2/apache2.conf
COPY ./config/php/productive.ini /usr/local/etc/php/conf.d/productive.ini

# Copy the app code into the image
COPY . /var/www/html

# Create required directories listed in .dockerignore
RUN mkdir -p runtime web/assets var/session \
    && chown www-data:www-data runtime web/assets var/session
```

而應用站台的運作則是靠 docker-compse 命令來完成，同樣地相關的設定寫在 docker-compose.yml 檔案中。以下解釋這個檔案內容的意義：

```
web:
```

```
build: ./

# During development we map local files into the container
volumes:
    # Map current working copy into the container
    - ./:/var/www/html/
links:
    - db
environment:
    ENABLE_ENV_FILE: 1
ports:
    - "8080:80"
```

這段是指定網站的根目錄與目前的根目錄同步，讓開
發者能方便修改內容。

```
db:
    image: mysql
    ports:
        - "3306:3306"
    environment:
        MYSQL_ROOT_PASSWORD: morgan
        MYSQL_DATABASE: jcomp
        MYSQL_USER: root
        MYSQL_PASSWORD: morgan
    volumes_from:
        - "mcMysqlData"
```

這段是設定使用MySQL 資料庫，會從公用的 Docker 倉庫下載 mysql 映像檔

```
phpmyadmin:
    image: phpmyadmin/phpmyadmin
    environment:
     - PMA_ARBITRARY=1
    restart: always
    ports:
     - 8082:80
    links:
     - db:mysql
    volumes:
     - /sessions
```

這段是架設 phpmyadmin ，這樣就有前端介面用來管理 MySQL 資料庫。接下來只要用以下的命令，就可以啟始站台的服務了！

```
$docker-compose up
or
$docker-compose up -d
```

● ● ● 1. sslab@sslab-SYS-2028TP-DC1FR: ~/yiiMySite (ssh)

```
sslab@sslab-SYS-2028TP-DC1FR:~/yiiMySite/build$ cd ..
sslab@sslab-SYS-2028TP-DC1FR:~/yiiMySite$ docker-compose up
```

● ● ● 1. sslab@sslab-SYS-2028TP-DC1FR: ~/yiiMySite (ssh)

```
@localhost' ignored in --skip-name-resolve mode.
db_1        | 2018-02-26T07:43:24.068532Z 0 [Warning] 'db' entry 'performance
_schema mysql.session@localhost' ignored in --skip-name-resolve mode.
db_1        | 2018-02-26T07:43:24.068542Z 0 [Warning] 'db' entry 'sys mysql.s
ys@localhost' ignored in --skip-name-resolve mode.
db_1        | 2018-02-26T07:43:24.068558Z 0 [Warning] 'proxies_priv' entry '@
root@localhost' ignored in --skip-name-resolve mode.
db_1        | 2018-02-26T07:43:24.071857Z 0 [Warning] 'tables_priv' entry 'us
er mysql.session@localhost' ignored in --skip-name-resolve mode.
db_1        | 2018-02-26T07:43:24.071882Z 0 [Warning] 'tables_priv' entry 'sy
s_config mysql.sys@localhost' ignored in --skip-name-resolve mode.
db_1        | 2018-02-26T07:43:24.101319Z 0 [Note] Event Scheduler: Loaded 0
events
db_1        | 2018-02-26T07:43:24.101699Z 0 [Note] mysqld: ready for connecti
ons.
db_1        | Version: '5.7.21'  socket: '/var/run/mysqld/mysqld.sock'  port:
3306  MySQL Community Server (GPL)
phpmyadmin_1 | 2018-02-26 07:43:26,613 INFO spawned: 'php-fpm' with pid 22
phpmyadmin_1 | 2018-02-26 07:43:26,615 INFO spawned: 'nginx' with pid 23
phpmyadmin_1 | 2018-02-26 07:43:27,646 INFO success: php-fpm entered RUNNING s
tate, process has stayed up for > than 1 seconds (startsecs)
phpmyadmin_1 | 2018-02-26 07:43:27,646 INFO success: nginx entered RUNNING sta
te, process has stayed up for > than 1 seconds (startsecs)
```

　　參數 -d 會讓程式以背景執行，一般用於實際上線，如果是在開發過程，最好還是能看到站台回應的記錄。至此站台應該可以正常運作了！同樣地要先建立後端資料庫的表格，因為已有 phpmyadmin 前端，就用瀏覽器輸入以下網址：

```
http://'your ip':8082/
```

　　來打開管理頁面，8082 的連接埠是在 docker-compose.yml 裡設定的，亦可以改成自己想要的埠號。

　　連線的帳號及密碼，同樣記在前述的檔案中，此處要特別注意 server 不能填 localhost，一定要用 ip。 然後

將所附的表格定義及內容放到表格中。

　　最後用瀏覽器觀看站台內容：

http://'your ip':8080/

　　如果出現存取權限的錯誤，請用以下的命令來修正。

$ docker-compose exec web chown www-data
web/assets runtime var/sessions

```
                          2. sslab@sslab-SYS-2028TP-DC1FR: ~/yiiMySite (ssh)
sslab@sslab-SYS-2028TP-DC1FR:~/yiiMySite$ docker-compose exec web chown www-data we
b/assets runtime var/sessions
```

國家圖書館出版品預行編目

Heroku雲端運算平台：Yii架構網站應用系統完
全開發手冊 / 張東淼作. -- 新北市：張東淼,
2018.01
　　面；　公分. --
ISBN 978-957-43-5374-3 (平裝)

1.網頁設計 2.全球資訊網

312.1695　　　　　　　　　　　107002791

Heroku雲端運算平台
──Yii架構網站應用系統完全開發手冊

作　　者	張東淼
出版策劃	張東淼
製作銷售	秀威資訊科技股份有限公司
	114 台北市內湖區瑞光路76巷69號2樓
	電話：+886-2-2796-3638
	傳真：+886-2-2796-1377
網路訂購	秀威書店：https://store.showwe.tw
	博客來網路書店：http://www.books.com.tw
	三民網路書店：http://www.m.sanmin.com.tw
	金石堂網路書店：http://www.kingstone.com.tw
	讀冊生活：http://www.taaze.tw

出版日期：2018年1月
定　　價：300元